权威·前沿·原创

皮书系列为
"十二五""十三五""十四五"时期国家重点出版物出版专项规划项目

B

BLUE BOOK

智 库 成 果 出 版 与 传 播 平 台

数据要素蓝皮书

BLUE BOOK OF DATA ELEMENTS

中国数据要素发展报告
（2025）

REPORT ON CHINA'S DATA ELEMENTS DEVELOPMENT

(2025)

乌镇数字文明研究院
人民数据管理（北京）有限公司

主　编／方兴东　陈　丽

社会科学文献出版社
SOCIAL SCIENCES ACADEMIC PRESS (CHINA)

图书在版编目（CIP）数据

中国数据要素发展报告 . 2025 / 方兴东，陈丽主编 .
北京：社会科学文献出版社，2025.6. -- （数据要素
蓝皮书）. --ISBN 978-7-5228-4364-3

Ⅰ . TP274

中国国家版本馆 CIP 数据核字第 2024KG5913 号

数据要素蓝皮书

中国数据要素发展报告（2025）

主　　编／方兴东　陈　丽

出 版 人／冀祥德
责任编辑／韩莹莹
文稿编辑／赵亚汝
责任印制／岳　阳

出　　版／社会科学文献出版社
　　　　　地址：北京市北三环中路甲 29 号院华龙大厦　邮编：100029
　　　　　网址：www. ssap. com. cn
发　　行／社会科学文献出版社（010）59367028
印　　装／三河市东方印刷有限公司

规　　格／开　本：787mm×1092mm　1/16
　　　　　印　张：14. 75　字　数：242 千字
版　　次／2025 年 6 月第 1 版　2025 年 6 月第 1 次印刷
书　　号／ISBN 978-7-5228-4364-3
定　　价／148. 00 元

读者服务电话：4008918866

主要编撰者简介

方兴东　博士，浙江大学传媒与国际文化学院常务副院长、求是特聘教授、社会治理研究院首席专家，互联网实验室（ChinaLabs）和博客中国创始人，北京市宣传文化系统"四个一批"人才。主要研究领域包括新媒体与国际传播、数字经济与治理、科技政策与创新等。1996 年进入互联网行业，迄今从事互联网研究 29 年，是国内智能传播、网络治理、互联网反垄断、博客、Web 2.0、超级网络平台、数字治理等概念和理论最早的开拓者与推动者之一。先后主持国家社科基金重大项目 3 项（在研 1 项）、一般项目 2 项，承担省部级以上科研项目 80 余项。发表核心期刊论文 100 余篇，包括在《新闻与传播研究》《新华文摘》等国内权威期刊发表 10 余篇。出版《IT 史记》《互联网口述历史》《欧拉崛起》《鸿蒙开物》等互联网相关著作 30 余部，其中《互联网口述历史第 1 辑·英雄创世记》获第二十二届浙江省哲学社会科学成果奖一等奖。

陈　丽　人民数据副总经理、副总编辑、研究院院长，人民网舆情数据中心原副总编辑。主持、参与完成多项国家社科基金重大项目、中宣部"四个一批"人才工程项目，以及中央网信办、国家发展改革委课题，《首席数据官：理论与实践》副主编之一。代表作有《大数据把脉青少年话语生态》《"三权分置"释放数据要素新价值》等。目前主要聚焦数据产权制度、数据要素资产化和数字经济等相关研究。

摘　要

当前，中国数据要素市场发展尚处于起步阶段，数据要素新特征十分复杂，对传统产权、流通等制度规范提出新的挑战，也成为制约数据要素价值释放的关键，在全球范围内尚无成熟的解决方案。构建完备的数据要素制度体系是一项长期、复杂的系统工程，需要在制度层面实现创新，加强统筹推进和任务落实，强化政策和法律支撑。

本报告主要研究如何构建适应数据生产力的数据基础制度，将重点围绕《中共中央 国务院关于构建更加完善的要素市场化配置体制机制的意见》、《中共中央 国务院关于构建数据基础制度更好发挥数据要素作用的意见》（简称"数据二十条"）及全国多地的数字经济、数据要素制度进行探索，分析数据对其他生产要素的放大、叠加、倍增作用，以及数据要素推动资源快捷流动、市场主体加速融合，提升经济社会各领域资源配置效率的作用。

本报告深入贯彻落实党的二十大精神，坚持问题导向，遵循发展规律，创新制度安排，聚焦"数据二十条"描绘的数据要素发展蓝图，探索和研究国际先进的高水平数据基础制度。

在推动数据产权结构性分置改革方面，跳出所有权思维定式，聚焦数据采集、收集、加工、交易、应用全过程中各参与方的权利，通过建立数据资源持有权、数据加工使用权、数据产品经营权"三权分置"的数据产权制度框架，强化数据加工使用权，放活数据产品经营权，加快数据产权登记制度体系建设，为释放数据要素价值提供制度保障。

在建立数据流通和交易制度方面，在国内外数据交易相关探索和实践基础上，结合数据要素特点和场内、场外交易现状，从规则、市场、生态、跨境四个方面提出构建适应中国制度的数据要素市场体系。

在建立数据收益分配制度方面，健全数据要素由市场评价贡献、按贡献决定报酬的机制，以促进数据开发利用为出发点，肯定数据处理者的劳动价值。

在建立数据要素治理制度方面，创新政府数据治理机制，重点探讨多方参与的数据协同治理机理，聚焦政府、企业和社会三大数据协同治理主体，重点研究政府的监管作用、企业的履责义务和社会的监督功能。

关键词： 数据要素　数据生态　数据资源　数据资产入表

目　录 ⬡

Ⅰ　总报告

Ⅱ　政策法规篇

Ⅲ 机制生态篇

Ⅳ 发展创新篇

皮书数据库阅读**使用指南**

总 报 告

B.1

2023~2024年中国数据要素发展报告

人民数据研究院*

摘　要： 本报告深入分析中国数据要素发展情况与趋势，从定义性质、建章立制、工作体系、探索实践四个维度梳理中国数据发展沿革，分析国内外数据发展现状及特点。通过分析发现，当前中国数据要素市场呈现探索走在世界前列、体系建设逐渐完善、应用场景持续丰富、人工智能赋能发展、生态不断丰沃、数字人才培养持续升温等特点。与此同时，数据要素顶层设计落地执行仍面临多项亟待解决的难题，数据要素供需不平衡、分类分级向深向广不足，数据资产入表落地指导方法尚待完善，数据要素面临流通难等问题，数据要素发展面临技术和管理挑战。面向未来，中国数据要素市场将加快发展，场景化探索将是数据要素价值释放的重要途径，数据治理将步入"新纪元"，数据要素价值将进一步释放。

* 人民数据是人民网旗下探索数据理论和实践的平台，以数据确权、数据要素服务平台、数据咨询为核心业务，充分发挥人民网独特的政治价值、传播价值、科技价值、平台价值、投资价值五大价值优势，秉持数智惠民、用数利民、聚数兴民、以数便民的服务理念，全面服务于数字中国建设。人民数据研究院作为人民数据的重要组成部分，专注于行业理论、规则、标准的探索，聚焦数据产权制度、数据要素资产化和数字经济等相关研究，致力于成为数据要素市场化研究的前沿阵地、数字中国建设的思想库和智囊团。

关键词： 数据要素　市场化配置　数据要素生态

一　国内外数据发展沿革

（一）中国数据发展沿革

1. 从数据上升到数据要素

数据从广义上说是对事实、活动等现象的记录。在《现代汉语词典》（第 7 版）中，数据的含义是进行各种统计、计算、科学研究或技术设计等所依据的数值。依据国家数据局发布的《数据领域常用名词解释（第一批）》给出的定义，数据是指任何以电子或其他方式对信息的记录。数据在不同视角下被称为原始数据、衍生数据、数据资源、数据产品和服务、数据资产、数据要素等。

数据并非一个新事物，它随着人类历史发展而变迁。从上古时代的"结绳记事"到文字时代的"登记造册"，再到数字时代的"数据建模"均是数据的表现形式。互联网的高速发展促使数字化进程加快，数字经济成为重要的经济力量，数据对生产、分配、流通、消费和社会服务等环节的渗透不断加强，改变着人类的生产方式、生活方式和社会治理方式。

随着数据推动生产力发展的价值凸显，中国将数据增列为生产要素。2019 年，党的十九届四中全会首次提出"数据要素"的概念，并将数据与劳动、资本、土地、知识、技术和管理并列作为重要的生产要素。2020 年 4 月，中共中央、国务院印发《关于构建更加完善的要素市场化配置体制机制的意见》，数据作为一种新型生产要素首次被写入中央文件中。生产要素是一个经济学概念，它指进行社会生产经营活动所需要的各种社会资源，是维系国民经济运行及市场主体生产经营所必须具备的基本因素。

数据作为新型生产要素，是数字时代重要的经济资源。不同于土地、劳动、技术、资本等其他传统生产要素，数据要素有其独特性。根据中国信息通信研究院发布的《数据要素白皮书（2022 年）》，作为技术产物，数据具有虚拟性、低成本复制性、主体多元性；作为经济对象，数据具有非竞争性、潜在的非排他性、异质性。作为技术产物，对比土地、劳动等其他看得见、摸得着的传统生产要素，数据是一种存在于数字空间中的虚拟资源，看不见、摸不着。同时，作为存在于数字空间中的虚拟资源，数据表现为数据库中的一条条记录，而数据库技术和互联网技术又能使数据在数字空间中发生实实在在的转移，以相对较低的成本无限复制。数字空间中的每条数据都可能记录了不同用户的信息，数据的采集和汇聚规则又是由数据收集者设定，用户、数据收集者等主体间存在复杂的关系。另外，在数据集形成的多个环节中，每个企业、每个项目都可能对数据资源进行一定程度的加工，每一次增删改的操作都是对数据集的改变。因此，数据可能涉及多个权属主体。作为经济对象，数据能够被低成本复制，同一组数据也可以同时被多个主体使用，一个额外的使用者不会影响其他现存使用者的使用，也不会产生数据量和质的损耗，这种非竞争性有利于数据释放更大的价值。可复制性与非竞争性并存，使数据又具有了非排他性，但部分数据持有者为保护自己的数字劳动成果，会付出较高代价使用专门的技术手段控制自己的数据，因而在实践中，数据具有部分的排他性。此外，数据具有异质性，同样的数据对不同使用者和不同应用场景的价值不同，一个领域高价值的数据对另一领域的企业来说可能一文不值。[①]

2. 着力构建数据基础制度

自 2014 年大数据首次被写入政府工作报告以来，中国相继出台多项政策明确数据要素的重要地位，构建和完善关于数据要素发展的基础制度体系。

2022 年 1 月，国务院印发的《"十四五"数字经济发展规划》提出，充分发挥数据要素作用，强化高质量数据要素供给，加快数据要素市场化流通，创新数据要素开发利用机制。2022 年 4 月，中共中央、国务院发布的《关于加快建设全国统一大市场的意见》提到，要加快培育数据要素市场，建立健全数据安全、权利保护、跨境传输管理、交易流通、开放共享、安全认证等基础制度和标准规范，深入开展数据资源调查，推动数据资源开发利用。2022 年12 月，《中共中央 国务院关于构建数据基础制度更好发挥数据要素作用的意见》（简称"数据二十条"）出台，明确了数据基础制度体系基本架构，提出建立保障权益、合规使用的数据产权制度，建立合规高效、场内外结合的数据要素流通和交易制度，建立体现效率、促进公平的数据要素收益分配制度，建

---

① 中国信息通信研究院：《数据要素白皮书（2022 年）》，2023，第 3~4 页。

立安全可控、弹性包容的数据要素治理制度。"数据二十条"打造的"1+N"数据基础制度体系，搭建了中国数据基础制度的"四梁八柱"，为数据要素价值释放指引了方向。2023年2月，中共中央、国务院印发的《数字中国建设整体布局规划》明确了数字中国建设的总体目标、核心框架及实施路径，对夯实数字基础设施、激发数据要素潜能、赋能经济社会高质量发展具有重要意义。近年来，中国在数据要素基础制度建设方面持续推进，重点围绕数据产权、流通交易、收益分配、安全治理等领域开展了一系列政策与试点探索。比如，2023年12月，国家数据局等17部门联合印发《"数据要素×"三年行动计划（2024—2026年）》，推动数据与行业融合应用，发挥数据要素乘数效应，赋能经济社会发展。2024年下半年，更多政策出台，如《关于加快公共数据资源开发利用的意见》《国家数据标准体系建设指南》《公共数据资源登记管理暂行办法（公开征求意见稿）》《关于完善数据流通安全治理　更好促进数据要素市场化价值化的实施方案》《关于促进企业数据资源开发利用的意见》等，进一步形成数据要素市场化的政策闭环，推动数据要素价值化。

3. 联动协同工作体系基本成形

近些年，国家层面对数据要素进行统筹管理，协调发展的体制机制建设进一步加快。2022年7月，国务院同意建立由国家发展改革委牵头的数字经济发展部际联席会议制度，这是中国数字经济治理体系的重大创新。2023年10月25日，国家数据局正式揭牌，其职能主要是协调推进数据基础制度建设，统筹数据资源整合共享和开发利用，统筹推进数字中国、数字经济、数字社会规划和建设等。此外，原先由中央网络安全和信息化委员会办公室与国家发展和改革委员会承担的部分职责也被划入国家数据局。

国家数据局的组建具有里程碑意义：一是为中国数据要素基础制度建设提供了有力的组织保障，有利于破解"数据孤岛"、数据治理"碎片化"等难题；二是有利于中央到地方重要数据资源的整合共享和开发利用，有利于数据基础设施建设以及互联网、人工智能、云计算、大数据等数字技术的发展；三是有利于平衡数据发展与安全问题。

此外，截至2024年5月10日，全国31个省（区、市）（不含港澳台）和新疆生产建设兵团均完成数据主管机构的组建工作，其中，独立设置机构的有26个，加挂牌子的有6个。各地数据工作机构的职能得到进一步强化，北京等21个地区将数字政府建设纳入数据工作范围，机构职能延伸到公共数据的生产和采集环节。至此，纵向联动、横向协同的数据工作体系基本成形。

4. 各地积极探索初步成果显现

近年来，中国数据交易机构与数据要素相关企业数量持续增加。截至2023年底，中国有数十个省区市上线公共数据运营平台，有20多个省区市成立了专门的数据交易机构。人民数据库数据显示，截至2024年12月底，中国经营状态为存续的数据交易类企业（交易所、数商）数量约17.6万家，其中约25%成立于1年以内。各地区各部门积极开展公共数据授权运营、数据资源登记、企业数据资产入表等探索实践，加快推动数据要素价值化。国家数据局发布的《数字中国发展报告（2024年）》提出，2024年，数字中国建设总体呈现发展基础进一步夯实、赋能效应进一步强化、数字安全和治理体系进一步完善、数字领域国际合作进一步深化四方面特点。

与此同时，全国各地在数据流通交易层面也进行了诸多探索。例如，在数据资产质押融资贷款方面，2016年4月，贵阳银行向贵州东方世纪发放首笔"数据贷"；2021年9月，浙江发布《浙江省知识产权金融服务"入园惠企"行动方案（2021—2023年）》，并上线全国首个知识产权区块链公共存证平台——"浙江省知识产权区块链公共存证平台"，落地全国首批基于区块链的数据知识产权质押贷款，融资金额分别为500万元、100万元；2022年10月，北京银行城市副中心分行落地首笔1000万元数据资产质押融资贷款。在数据信托产品方面，2023年7月，广西壮族自治区首批公共数据授权运营试点单位——广西电网有限责任公司，与中航信托股份有限公司、广西电网能源科技有限责任公司正式签署数据信托协议，并在北部湾大数据交易中心完成首笔电力数据产品登记及交易，完成全国首单数据信托产品场内交易。

此外，在数据交易确权方面，人民网·人民数据早在2019年就推出了数据确权平台。2023年7月，人民网·人民数据根据"数据二十条"相关规定，正式面向全国发放针对数据要素市场打造的"数据资源持有权证书""数据加工使用权证书""数据产品经营权证书"（三证）。2023年9月，人民网·人民数据打造的全国性的数据要素服务平台正式上线，主要解决数据要素市场长期面临的数据确权难、数据流通难等核心问题。

（二）国外数据发展现状

近年来，全球数据流通规模显著增长，流通模式不断创新。美国的数据经纪人、欧盟的数据中介等纷纷涌现，数据价值的释放途径日益多样化。数据作为当今社会的新型生产要素，正推动政府治理进入战略转型期。各国或地区纷纷顺应这一趋势，出台相关战略和政策。例如，美国通过《联邦数据战略》《开放政府数据法案》等政策，推动公共数据开放；欧盟以开放数据为核心，制定应对大数据挑战的战略；日本和韩国则侧重于设立专门机构和制定体系化规定来保障数据安全。经过长期的政策演进和机构调整，各国或地区建立了完善的政府数据资源管理、开放、保护和利用的政策体系。

1. 美国构建全面的数据政策框架：从隐私保护到数据流通共享

自20世纪90年代起，美国围绕信息公开、个人隐私保护、信息安全、数据开放等核心议题，发布了一系列法律法规和行政命令，构建了全面的数据政策框架。其中，1974年的《隐私权法》是美国首个保护公民隐私的法律，详细规定了政府机构在收集、使用、存储、传播个人信息时的行为准则。此外，行业性法规（如《存储通信法》）也逐步完善了对个人网络数据的保护。这些法律法规为规范不同行业和领域的信息收集和使用、完善数据安全保护体系提供了基础。

在数据治理方面，美国政府将数据治理描述为以数据质量、一致性、可用性、安全性与可及性为核心的全要素、全周期管理过程。在机构设置上，联邦政府成立联邦首席数据官委员会，定期主持召开相关会议，促进数据利用和信息分享。委员会负责审查机构组织的责任体系与内部基础设施情况，推动各机构确定内部数据来源及需求，选择或改进数据基础设施。在战略方向上，美国政府的数据治理对象从政府内部转向社会公众，旨在实现数据价值的最大化。[①]

在数据流通共享方面，美国《开放政府数据法》结合数字经济的发展特点，将政府数据开放作为增强国家数字竞争力的重要战略举措，并通过建立统一共享机制，打破组织内各部门的数据壁垒，解决"数据孤岛"问题，加速数据在组织内部的流通，提高数据供给能力，实现数据跨组织、跨行业流转。

---

① 胡媛、黄思慧：《美国政府数据治理战略与行动研究分析及启示》，《情报杂志》2023年第10期。

在数据交易方面，数据经纪人是美国数据交易市场的主力军。它既可以是数据产品和服务提供商，也可以是撮合买卖双方交易的数据交易平台，还可以是提供数据共享功能的数据管理系统。数据经纪人通过各种渠道采集消费者个人数据，并对采集的原始数据及衍生数据进行整理、分析和分享，向与消费者没有直接关系的企业出售数据。数据经纪人能够有效解决供需双方之间信任缺失的问题，可促进数据有序流通和市场化运用。经过多年的发展，数据经纪人形成了三种稳定的商业模式。一是"B to B"集中销售模式。数据经纪人以中间人身份为数据提供方和数据购买方提供数据交易撮合服务，如 Microsoft Azure、DataMarket 等。二是"B to B to C"分销集销混合模式。数据经纪人收集用户个人数据并将其转让、共享给他人，如 Acxiom、CoreLogic 等。三是"C to B"分销模式。用户将自己的个人数据提供给数据经纪人，数据经纪人向用户支付一定数额的商品、货币和服务等价物，如 Edvisors 等。[①]

2. 欧盟特色数据治理路径：追求隐私保护与数据利用的平衡

欧盟将个人隐私保护理念贯穿至数据治理实践，发展出极具欧盟特色的数据治理路径。欧盟数据治理经历了三个阶段。一是 2015 年之前严格的个人数据保护阶段。1995 年欧盟颁布的《个人数据保护指令》，将"与已识别或可识别的自然人有关的任何信息"纳入数据保护范畴，提出数据控制者处置数据的条件，全面保障了个人对其信息的控制权。二是 2016~2019 年保障数据安全流通阶段。2016 年，欧盟议会通过《一般数据保护条例》（GDPR），要求企业在收集、存储、使用用户信息时应取得用户同意以保护用户隐私。2018~2019 年，欧盟先后通过《非个人数据自由流动条例》和《开放数据指令》，旨在平衡个人数据保护、数据安全和欧盟数字经济发展。三是 2020 年之后体系化实施数据战略阶段。欧盟出台《欧洲数据战略》以及《数据治理法案》《数据法案》《数字服务法案》《数字市场法案》系列数据法案，统筹构建数据资源开发利用战略体系，助力欧盟在未来全球数据经济中占据领先地位。

在数据治理方面，欧盟构建了"联盟—成员国"统一立法、集中监管的两级管理体系。欧盟层面已设立欧洲数据保护委员会、欧洲数据保护监管局和

---

① 李立雪：《美国数据经纪人发展模式及其启示》，《科技中国》2023 年第 9 期。

欧洲数据创新委员会。成员国设立数据保护机构，负责确保GDPR在本国的适用性及本国数据流通符合欧盟相关标准。[①]

在数据流通共享方面，2022年，欧盟出台《数据治理法案》，通过完善欧盟数据共享机制，提升数据可用性。面向影响公共利益、具有战略价值的行业领域，打造公共数据空间，促进行业领域内的数据流通、场景创新和企业培育。

在数据交易方面，欧盟范围内通常以数据中介为可信交易平台，即数据中介通过匹配数据供给方与需求方，为供需双方提供高透明度的交易场所。同时，不同领域的大型企业也充当数据中介角色。例如，德国电信通过其数据智能中心搭建数据市场，企业可在市场中安全地管理、提供优质数据并从中获利。[②] 此外，欧盟部分数据空间也充当数据交易平台。例如，德国国际数据空间（International Data Spaces）作为安全可控的数据共享系统，可使基于数据的智能服务与创新业务跨公司与跨行业提供，同时确保数据提供商对数据具有自主控制权。

3. 其他国家数据安全治理实践

近年来，世界各国相继发布大数据相关的战略决策，从政府、法律、行业、企业等方面对数据安全治理相关实践经验进行总结。一是在政府规划引导和数据安全顶层设计方面，日本和韩国都设立了专门机构保障数据安全。例如，日本于2016年设立个人信息保护委员会（PPC）监督《个人信息保护法》的应用，为维护个人信息安全提供指导。韩国设立独立的个人信息保护委员会（PIPC），作为韩国负责数据保护的主导机构。二是在强化法律规范、建立数据安全保护体系方面，日本通过"三法合一"，统一管理公私部门数据安全。1988年以来，日本出台《有关行政机关电子计算机自动化处理个人信息保护法》等3部与个人信息保护相关的法律，2020年修订并于2022年实施"三法合一"，统一了地方公共团体在个人信息保护方面的规则。韩国设立了《个人信息保护法》《信息通信网络利用促进和信息保护法》《信用信息使用及

---

① 宋姝媛、王岩、路琨等：《欧盟数据治理模式对我国数据要素开发利用的启示》，《网络安全与数据治理》2024年第4期。

② 赵琳、钱雨秋、郑汉：《欧盟数据要素市场培育政策、实践与模式》，《图书馆论坛》2024年第12期。

保护法》，并通过不断修正这些法律来完善数据保护法律体系。三是在行业和企业的数据安全管理方面，日本在管理制度和技术层面加强企业数据安全管理。在管理制度层面，IBM 日本分公司以日本《个人信息保护法》为基础制定了内部隐私保护政策。在技术层面，富士通公司推出数据去识别化方案，使操作者能够在对系统进行最小化改动的基础上进行各种类型的数据匿名化操作。韩国主要赋予行业委员会保护数据安全的职责。韩国通信委员会负责监督《位置信息保护法》的实施；金融服务委员会负责监督金融行业与信用信息有关的业务，监督《信用信息使用及保护法》的执行情况。四是在规范数据安全治理的规则与标准方面，韩国信息系统认证与认可（Certification and Accreditation，C&A）指南包括通信委员会信息安全管理系统认证（ISMS）、信息安全检查服务（ISCS）。ISMS 专注事前预防和事后补救措施，强调信息技术的安全性，设立了 14 个管理要求和 137 个控制目标以及 5 个阶段，包括信息安全政策制定、管理系统范围划定、风险管控、实际应用和岗位管理。①

二　中国数据要素发展趋势及特点

（一）中国数据要素探索走在世界前列

将数据作为生产要素是中国首次提出的重大理论创新。2017 年 12 月 8 日，习近平总书记在中共中央政治局第二次集体学习时强调，推动实施国家大数据战略，加快完善数字基础设施，推进数据资源整合和开放共享，保障数据安全，加快建设数字中国，更好服务我国经济社会发展和人民生活改善②；2019 年，党的十九届四中全会率先提出数据作为新型生产要素的重要论断……这一系列举措标志着数据要素的重要性上升至国家战略高度，也为中国数字经济的蓬勃发展奠定了坚实基础。

把数据要素的重要性上升至国家战略高度并不仅限于中国。世界上的一些

---

① 吕明元、弓亚男：《我国数据安全治理发展趋势、问题与国外数据安全治理经验借鉴》，《科技管理研究》2023 年第 2 期。
② 《习近平主持中共中央政治局第二次集体学习》，中国政府网，https://www.gov.cn/guowuyuan/2017-12/09/content_5245520.htm。

主要发达国家和地区，也都纷纷将数据视为赢得下一轮产业竞争优势、保持国家综合实力的关键。而中国的历史文化等资源禀赋与西方国家有所不同，这决定了中国在数据要素的发展上将走出一条独特的道路。

一方面，中国在数据要素发展上拥有得天独厚的资源优势。首先，中国拥有海量的数据。全国数据资源调查工作组发布的《全国数据资源调查报告（2024年）》显示，2024年，全国数据生产总量达41.06泽字节（ZB），同比增长25%。这种资源基础为中国在数据领域的创新和探索提供了无限可能。其次，中国的数字化程度较高。在不断提升传统行业"含智量"的同时，网络购物、移动支付、共享经济等数字经济新业态新模式也蓬勃发展，数字经济规模已跃居全球第二位。最后，与资本要素相比，数据要素有非排他性和非竞争性两个重要特征。这意味着某方使用数据，并不影响其他方对数据的使用。因此，数据要素在某种程度上具备公共品的属性。中国的数据资源禀赋比较适合发展这种公共属性较强的数据要素。

另一方面，中国在发展数据要素上动力十足，展现出强烈的探索和创新意愿。习近平总书记在2016年4月19日网络安全和信息化工作座谈会上指出，网络安全是动态的而不是静态的，是开放的而不是封闭的，是相对的而不是绝对的，要避免不计成本追求绝对安全，那样不仅会背上沉重负担，甚至可能顾此失彼。[①] 当前，中国通过完善网络安全制度体系、提升网络安全保障能力、发展网络安全技术产业、推进网络安全人才培养等，筑牢国家网络安全屏障，确保数据在安全可靠的环境中发挥最大价值。这种对数据安全和利用之间张力的合理权衡，为中国在数据要素领域的创新和发展提供了有力保障。

（二）体系建设逐渐完善

数据作为数字经济中的重要生产力和关键生产要素，正深入渗透生产、分配、交换和消费的各个环节，对其他生产要素产生放大、叠加、融合、倍增效应，成为加快构建新发展格局的新资源、新动力。

在基础制度体系方面，《中共中央 国务院关于构建更加完善的要素市场化配

---

① 《习近平在网信工作座谈会上的讲话全文发表》，人民网，http://politics.people.com.cn/n1/2016/0425/c1024-28303283.html。

置体制机制的意见》《中共中央 国务院关于构建数据基础制度更好发挥数据要素作用的意见》《"数据要素×"三年行动计划（2024—2026年）》等一系列文件的出台使中国数据基础制度不断完善。其中，《中共中央 国务院关于构建数据基础制度更好发挥数据要素作用的意见》构建的数据资源持有权、数据加工使用权、数据产品经营权"三权分置"的数据产权制度框架堪称一大创新。

数据流通交易体系也是持续释放数据要素价值的动力源。2023年，中国从顶层设计加速推动数据流通交易体系建设，探索完善公共数据、行业数据等的确权估值、登记结算、合规咨询等服务，培育发展数据生产、流通、应用等环节企业，构建数据流通交易生态体系。

数据的多元属性使市场需求日益多元化，场内交易与场外交易相结合能够满足不同类型的交易需求。《全国数商产业发展报告（2023）》显示[1]，2013~2023年数商企业数量增长迅速，从约11万家增长至约200万家，复合年均增长率超过30%。其中，数据产品开发/资产管理类数商企业累计数量最多，其次为数据治理、数据安全、数据交付以及数据发布类数商企业。

新要素市场主体正积极构建数商新业态，推动现有的技术集成逻辑向资源运营逻辑转变。传统数字化服务商、技术服务商等凭借数据集成、数据管理、软件开发等业务积累及客户资源，正逐步拓展至数据经纪业务、数据产品开发等领域，实现向数据要素化业务的转型。第三方专业服务机构则凭借其他资产的实践经验，将服务领域延伸至数据资产领域，为市场提供具有中立性、独立性的服务。市场分工也日益精细化，诸如数据产品或资产上市辅导、对标的物进行发行报价等发布类业务从数据产品开发和资产管理中独立出来，形成了独立的数商市场空间。

数据基础设施的整合为数商之间的合作提供了更广阔的空间。2023年9月，人民网·人民数据建成的数据要素服务平台正式上线，整合了数据资源，部署全国节点，打通数据确权、数据授权、数据流通交易的全流程。平台上线后，人民网·人民数据与全国15家大数据交易所集中签约，开展深度合作，促进数据要素在经济社会发展中发挥更大作用。[2] 2023年11月，

---

[1] 上海市数商协会、大数据流通与交易技术国家工程实验室、上海数据交易所：《全国数商产业发展报告（2023）》，2023，第21~23页。

[2] 《全国性数据要素公共服务平台上线》，《人民日报》（海外版）2023年9月5日，第3版。

国内首个数据交易链正式宣布启用，面向数据要素流通市场全产业全流程，提供数据交易基础服务、数据交易增值服务、数据交易保障服务、数据资产金融服务等。①

（三）数据要素应用场景持续丰富

当前，数据要素应用场景加速丰富与拓展。从最初的简单数据处理，到如今的智能化、精细化应用，数据要素正成为推动经济社会发展的重要力量，引领全行业迈向全新的数字化时代。2023年12月，国家数据局等17部门联合印发《"数据要素×"三年行动计划（2024—2026年）》，针对工业制造、现代农业、商贸流通、交通运输、金融服务、科技创新、文化旅游、医疗健康、应急管理、气象服务、城市治理、绿色低碳等12个行业和领域做出原则性部署，力争到2026年底，数据要素应用广度和深度大幅拓展，在经济发展领域数据要素乘数效应得到显现，并打造300个以上示范性强、显示度高、带动性广的典型应用场景。可以预见，在此指引下，各创新主体能够结合自身特点与优势着力深耕，通过激活数据要素乘数效应，突破传统资源要素约束下的产出极限，催生新业态、新模式，不断拓展经济增长新空间。

在制造业领域，数据要素已经渗透到产品研发、生产制造和市场营销的每一个环节。它不仅重塑了传统的产品研发、生产、制造、销售模式，也为企业提供了洞察用户需求、把握行业趋势和发现创新机会的利器。企业利用大数据能够快速捕捉市场机遇，深入了解用户偏好，快速推出迎合消费者喜好的新产品，实现业务的持续增长和转型升级。如某企业的小型烘干机便是数据驱动产品研发的典型案例，其研发人员基于舆情数据、市场数据、用户数据、经营数据等大数据，提取出"快烘""不占空间"等关键词，再结合业务经验、分析报告等小数据，成功推出面向母婴人群，主打即时快烘、杀菌消毒的小型烘干机，该小型烘干机在市场上广受欢迎，当年就位列某平台小型烘干机品类热销榜前三名。②

---

① 《数据交易链正式启用，十省市实现"一地挂牌、全网互认"》，澎湃新闻网，https://m.thepaper.cn/newsDetail_ forward_ 25426591。

② 叶子：《发挥数据要素乘数效应——助力工业制造创新发展》，《人民日报》（海外版）2024年2月23日，第8版。

012

在智慧城市建设中，数据要素的应用也起到至关重要的作用，尤其是在城市规划、城市管理、智慧交通、城市安全、环境保护等方面，其作用日益凸显。以数字孪生技术为例，将数字孪生技术应用到城市中，能够基于建筑信息模型和城市三维地理信息系统，利用物联网技术把物理城市的各种要素进行数字化，然后在网络空间上构建一个与之完全对应的"虚拟城市"，形成物理维度上的实体城市与信息维度上的数字城市同生共存、虚实交融的局面。近年来，中国在数字孪生城市方面开展了诸多探索和实践。在山东济南，四维地质环境可视化信息系统平台可以实现自动"剖切"，以便掌握轨道交通沿线的地层结构、岩性、岩溶发育特征等信息，为轨道交通线路适应性分析提供指导；在广东广州，"穗智管"城市运行管理中枢以水文、气象、排水设施等方面的数据为基础，结合城市水文模型（3D仿真）和电子地图，实现了对易涝点积涝演进的可视化模拟，为防洪救灾提供参考；河北雄安新区则将数字城市与现实城市同步规划、同步建设，两座城市将开展互动，打造数字孪生城市和智能城市……①这些探索与实践，不仅彰显了中国在数字孪生城市建设方面的先进经验，也为其他城市提供了可借鉴的经验和模式。

金融服务也是数据要素应用的重要领域。金融机构不仅可以通过融合科技、环保、工商等数据，为贷款申请人提供更全面、准确的信用评估，以降低坏账损失发生的风险；也可以利用气象、消费以及消费者的信用记录等数据，开发个性化、定制化的金融产品和服务，满足消费者日益多样化的需求；还可以基于人工智能算法对金融市场、信贷资产、风险核查等多维数据进行融合分析，提升抗风险能力。

（四）人工智能赋能数据要素发展

随着人工智能技术跨越奇点式的爆炸发展，ChatGPT、文心一言、通义千问、讯飞星火、Sora、DeepSeek等大模型横空出世，不仅推动了内容创作的革新，还在数据要素领域产生了重要影响。

一方面，人工智能是解锁数据价值的一把钥匙，可以帮助提取和分析蕴藏

---

① 谷业凯：《应用场景日益丰富，技术底座不断夯实——数字孪生，让城市更"聪明"（大数据观察）》，《人民日报》2023年5月17日，第7版。

在数据中的信息，揭示其深层次含义与规律。不同于传统的数据分析方法，人工智能凭借其强大的计算能力和学习能力，能够迅速而准确地从海量数据中筛选出关键信息，发现隐藏在数据背后的规律和趋势，并根据这些规律和趋势，为决策者提供更加高效、精准的预测。

AIGC 大模型的崛起，有力推动了国内数据交易所构建更具普惠性的数据交易生态。2023 年 2 月，广州数据交易所宣布接入文心一言，昭示着数据要素市场与人工智能的深度融合迈出坚实的步伐。广州数据交易所基于其产业级知识增强文心大模型 ERNIE 跨模态、跨语言深度语义理解与 AIGC 等能力，在搜索问答、云计算、内容创作生成以及智能办公等多个领域开展数据产品创新及服务探索。此举标志着数据应用场景未来将全面拥抱人工智能技术，也是对话式语言模型技术在国内数据流通创新场景的首次试点着陆，为数据要素市场的数字化、网络化、智能化发展开启了全新篇章。

另一方面，丰富和多样的数据也为人工智能的学习和训练提供了充足的素材。如果把人工智能看作一个嗷嗷待哺的婴儿，那么某一领域的海量数据就是"喂养"他的奶粉，奶粉的数量多少决定了婴儿能否健康长大，奶粉的质量高低则决定了婴儿的发育水平。为此，在人工智能进行深度学习的过程中，要特别注意"喂养"人工智能的语料数据和模型算法的导向性与准确性。

2024 年 7 月，人民网·人民数据基于人民网打造的语义语料库，针对文心一言、讯飞星火、通义千问等通用大模型，从内容生态、数据认知、言语理解、知识问答、逻辑推理、助力科研六个维度进行了测评。结果显示，国内 AIGC 大模型依然处于相对较弱的应用状态，可供使用的数据维度丰富度不高。为了更好地推动大模型的发展，构建大模型生态需要关注三个平衡。

一是发展与安全之间的平衡。AIGC 大模型作为新兴行业，发展的过程中可能会出现一些问题，如何在发展中解决新问题，给技术创新留有一定空间值得思考。

二是科技赋能与舆论情绪之间的平衡。AIGC 大模型作为生产工具，是人类智力的延伸，它与人类之间并不是简单的替代关系，而是从效率、个性化等方面为内容生产带来变革，丰富人们的生活场景。鼓励新技术、新事物还需化解舆论焦虑，如何营造舆论生态值得思考。

三是内测与应用场景试点之间的平衡。积极的反馈能够帮助 AIGC 大模型校准产出。以前，账号大多靠内测，用户规模小。让技术在真实、丰富的应用场景中快速迭代创新是关键，是否开放具体应用场景的试点也值得思考。

（五）数据要素生态不断丰沃

随着国家数据局组建，全国统一、辐射全球的数据大市场建设步伐加快。多地出台相关政策，积极筹建数据要素交易市场，完善数据要素市场发展机制，促进数据共享和流通，提高数据的利用效率和价值。

当前，中国在数据要素市场化进程中的探索步伐显著加快，形成了政府引导和市场驱动相结合的双轮驱动模式。政府和企业对数据要素市场的认识加深，开始从生态系统视角认识数据要素市场。在"数据二十条"框架下，各地结合具体实践，针对数据确权、数据要素登记、交易规则等数据要素市场发展中的核心问题进一步细化要求。随着国家到地方层面数据交易制度的完善和数据交易中心的建立，数据要素的流通和交易流程日益规范，数据确权、登记、交易等关键环节的探索均取得进展。

数据确权是保障数据权益、促进数据交易和利用的重要手段。数据确权难题的破解是推动数据要素市场发展的关键一环。针对数据确权问题，各地政府、相关机构积极探索切实可行的路径和方法，为构建健康、活跃、有序的数据要素市场提供了有力支撑。结合地方发展和数商实践，数据确权流程一般包括以下几个步骤。①申请：数据资产所有者向相关部门提出申请，并提交相关证明材料。②审核：相关部门对申请材料进行审核，确认数据资产的权益归属和合法性。③登记：审核通过后，相关部门将数据资产的相关信息登记在册，并颁发确权证书。④公告：相关部门将数据资产确权登记的结果进行公告，以便社会公众查询和监督。比如，山东数据交易有限公司推出数据登记制度，提出"先登记后交易"的发展模式，为数据确权提供了切实可行的路径和方法。目前，大多数数据交易所采用这一类似模式进行"登记式确权"。人民网·人民数据基于 108 项审查名录，对申请主体的资质、源头、数据、产品等多个方面进行合规审查和确权，这种通过审查完成确权的方式被称作"审查式确权"。中国在破解数据确权难题方面不断积累经验，成为全球大数据要素市场建设的"探路者"。

《企业数据资源相关会计处理暂行规定》于 2024 年 1 月 1 日正式落地施行，进一步显化了数据资源价值，提升了企业数据资产意识，激活了数据市场供需主体的积极性。2023 年以来，各地、各界积极响应，数据资产入表实践案例不断涌现。例如，浙江落地全国首单工业互联网数据资源入表案例，通过确认交易主体准入资质、确认数据用途合法及使用限制合规，成功完成数据存证登记，并上架挂牌至当地大数据交易服务平台；上海发放首笔数据资产质押贷款，让数据资产不再"沉睡"，实现数据资产的真正变现，通过提供创新高效且风险可控的贷款投放新渠道，为数字金融创新提供重要参考。可以预见，在不久的将来，数据资产将与实物资产、金融资产一道成为中国经济发展的重要动力。

中国正逐步构建多层次、多维度的数据要素市场体系，其中公共数据授权运营尤为瞩目。随着政务和公共数据资源开放与流通有序推进，公共数据授权运营成为热点。截至 2023 年 8 月，中国有 226 个省级和城市的地方政府上线数据开放平台。[①] 例如，杭州在公共数据开放平台上设立了公共数据授权运营专区，同时在企业注册登记、交通运输与教育领域开放了较多高需求、高容量、高质量的数据集。2025 年 3 月 1 日，国家公共数据资源登记平台正式上线运行。这一平台被称为公开透明的数据资源库，意味着用顶层设计打破"数据孤岛"，为下一步探索公共数据授权运营打下了坚实基础。未来，公共数据产品种类的增加和范围的扩大、相关市场机制的完善有望加速，不仅将丰富数据供给端的生态，也将进一步激发数据需求侧的活力，为数据价值的深度挖掘和数据的广泛应用创造条件、厚植沃土。

收益分配制度持续创新。中国数字经济规模从 2014 年的 16.2 万亿元，快速增长至 2023 年的约 56.1 万亿元，占 GDP 的比例也从 25.1% 升至 44% 左右。[②] 中国数字经济规模的迅速扩张为数据要素市场的深化发展奠定了坚实基础，也对数据收益分配制度提出新的要求。随着数据要素的战略地位日益凸显，中国数据收益分配制度建设呈现从政策引导到市场实践、从技术创新到国际合作的全方位发展，推动构建公平、高效、激励与规范相结合的数据价值共

---

① 中国信息通信研究院：《数字政府一体化建设白皮书（2024 年）》，2024，第 5 页。
② 顾阳：《推动中国经济加"数"跑》，中国经济网，http://www.ce.cn/cysc/tech/gd2012/202403/11/t20240311_38929167.shtml。

享生态。

当前，细化"数据二十条"提出的"谁投入、谁贡献、谁受益"原则，建立维护数据资产权益、兼顾效率与公平、突出激励导向的数据收益分配制度仍是各地政府探索的重点。这不仅涉及市场准入机制、竞争框架的完善，还包括建立鼓励创新的风险免责机制，体现了政策设计的系统性和前瞻性，同时对数据滥用、市场垄断行为的监管也逐步加强，防止资本过度集中，保护中小企业和个人的相关利益。

释放数据价值被视为政府盘活数据资源、实现动能转换的新增长点，各地数据资产化实践明显提速。全国已有超过 30 例将数据资源资本化的案例，分别落地在浙江、北京、广东、贵州、广西、江苏、山东、福建、天津、湖南、河南、上海、山西、江西等十余个省区市。[①] 从融资类型来看，这些案例以数据资产质押、数据知识产权质押、数据资产授信、数据资产无抵押融资、无质押数据资产增信等方式为主，金额集中在 500 万~1000 万元。多元化融资方式有效激活了数据资源的价值，不仅缓解了地方财政压力，也为数字经济的发展提供了直接的资金支持。

公共数据作为数据要素市场中的关键组成部分，运营模式与收益分配制度的创新尤为重要。例如，成都通过国有资产运营模式促进公共数据价值回流财政，既增加了地方财政收入，又提升了政府服务效能；海南采用特许经营模式，以分成方式激励数据平台高效运营，加速了数据资源向经济价值的转化。这些模式的探索，不仅为当地数据市场化的可持续发展提供了机制保障，也为公共数据的有效利用和价值实现积累了宝贵经验。

（六）数字人才培养持续升温

数据要素市场的发展带动数字人才需求持续高涨，中国数字人才体系建设快速推进。《产业数字人才研究与发展报告（2023）》分析指出，中国当前数字人才总体缺口在 2500 万~3000 万人，且缺口仍在持续扩大。[②] 建立健全数

---

① 《"点数成金"走进现实，成都抢抓"数据资产入表与资产化"先机》，网易网，https://www.163.com/dy/article/J7AM2N4L0512B07B.html。

② 《数字人才紧缺问题何解？这些高校有一套》，百度百家号"央视新闻"，https://baijiahao.baidu.com/s?id=1797632542241100064&wfr=spider&for=pc。

字人才培养体系，对于满足数据要素市场需求、推动大数据技术与应用创新至关重要。

近年来，政府层面加强对数字人才培养的系统性规划。人力资源和社会保障部及时修订国家职业分类大典，在《中华人民共和国职业分类大典（2022年版）》中首次标识97个数字职业。2024年4月，人力资源和社会保障部等9部门印发《加快数字人才培育支撑数字经济发展行动方案（2024—2026年）》，要求用3年左右时间，扎实开展数字人才育、引、留、用等专项行动，增加数字人才有效供给。

目前，全国多地掀起数字人才培育热潮。地方政府根据自身产业特点和需求制订数字人才培养计划，加快数字人才的培养与供给，形成了区域性的竞争优势。北京提出，围绕人工智能、物联网等领域，每年培养具有良好科学素养、精于实操应用、能够解决复杂问题的工程技术技能人才1万人；浙江明确，到2030年末，围绕人工智能、物联网等数字技术工程应用领域，培育数字技术工程师1万人以上；广东将"打造数字化人才聚集高地"列为"数字湾区"建设主要任务之一。

产学研用协同联动，融合优势资源、聚力数字人才培育。例如，中国海洋大学加强数字领域博士后科研流动站、工作站建设，通过联合培养、产教融合等方式，助力数字化人才培养，与200多家行业领军企业和科研院所开展研究生联合培养，其中数字化相关领域的硕士生、博士生已达近3000人。[1] 重庆的职业学校依托校企合作，建设基础性数字化人才实训平台，有针对性地开展教育教学，优秀毕业生在市场上颇为抢手。

此外，首席数据官（CDO）也频频出现在公众视野。作为机构内统筹管理数据资源的第一责任人，首席数据官在打破数据资源及其开发的碎片化模式，形成整体联动、高效协同、安全可控的数据治理合力，推进数据要素有序流通，激发数据要素潜力，释放数据要素红利等方面将发挥重要作用。

随着中国数据资产入表进程加快，政府和企业在数据资产管理和数据战略

---

[1]　人瑞人才、德勤中国：《产业数字人才研究与发展报告（2023）》，社会科学文献出版社，2023。

规划方面对专业数据人才的需求日益凸显。设立首席数据官制度、统筹数据战略实施，已成为地方政府和企业治理体系创新的重要举措。近年来，广州、南昌、长沙、北京经济技术开发区等地陆续出台方案，推行政府首席数据官制度，旨在加速构建数据管理体系，增强数据战略意识，推动数据产业发展。2021年以来，江苏、广东、山东、浙江等省份发布企业首席数据官制度建设指南，为企业设置首席数据官提供更多参考。首席数据官制度建设，凸显了数据战略规划与执行的重要性，预示着机构内部数据治理从分散走向集中，以及数据作为核心资产的管理专业化、战略化趋势，对相关法律法规的完善和技术创新起到推动作用。

数字人才的培养和发展是推动数字经济全面繁荣的基石。整合现有的碎片化政策，构建一个更为系统化、协同化的人才发展框架，实现"产城人"的融合发展，将成为各地推动数字人才发展的核心。在全球数字化竞争的背景下，中国持续优化数字人才体系，将吸引更多国际投资、促进国际合作与交流，提升在全球数据治理中的话语权。

三　中国数据要素价值释放面临的挑战

（一）数据要素顶层设计落地执行仍面临多项亟待解决的难题

随着推动数据要素发展的一系列政策发布以及国家数据局的成立，中国数据要素发展的顶层设计工作明显加快，顶层设计不断完善。与此同时，顶层设计在实际落地过程中也面临以下亟待解决的难题。

一是不同行业、不同监管机构政策协同不足。近年来，国家层面及各部委单位都发布了数据要素产业相关的政策，但由于职能差异与管理角度不同，可能存在"微观的正确，却造成宏观的偏差"，导致难以及时与市场快速发展配套，影响数据要素市场多元主体有序协同、竞合发展与高效率治理，以及政府与市场主体之间的互信互利。

二是数据价值化基础制度有待进一步完备。就目前的落地情况看，确权、定价、可信流通、安全与合规等流通机制和制度安排有待细化。企业在执行过程中，面临诸多问题和困惑，期待相关监管机构在后续推动数据要素价值释放过程中，出台更多明确的细则或原则，让企业有章可循。

三是标准体系建设面临系统性整合挑战。从标准覆盖维度来看，现有规范较多集中于数据流通环节，对数据治理基础性环节的关注度有待提升；从标准执行统一程度来看，各省区市执行标准存在差异，还需进一步强化国家层面的顶层设计统筹。只有系统性完善标准体系的薄弱环节，才能逐步实现数据要素"供得出、流得动、用得好、保安全"的价值闭环。

四是政策制定和各地落实执行存在"落差"。一是政策落地缺乏配套措施与实施细则，导致部分地方因资源禀赋一般、产业基础薄弱，难以将顶层设计转化为具体行动。二是数据流通生态尚未形成闭环发展。在供给端，存在数据质量不高、供给结构不合理等问题；在需求端，则可能出现需求不明确或应用场景匮乏的情况，还需市场机制、政策支持、技术基础设施的多方协同。

（二）数据要素供需不平衡、分类分级向深向广不足

供需关系影响着数据要素流通水平。当前，数据要素面临供需不平衡、分类分级推进缓慢等问题，数据分类分级推进缓慢是造成供需不平衡的一个很重要的因素，在供给端难以打消数据供给方存在的安全顾虑。

数据要素供需不平衡主要体现在四个方面。一是数据持有方因为现行法律担心数据安全问题，或因为竞争关系，或因为缺乏风险隔离机制，大部分单位不愿意对外提供数据流通服务。二是有数据的单位由于缺乏数据治理的政策标准，不了解数据需求方所需要数据的标准和形式，经常会因为数据治理无效、数据质量不高，无法直接服务需求场景。三是大部分行业或者政府监管侧由于信息化基础不同、标准不同，所以数据汇集很难，无法形成规模，规模不够大数据价值就很低。四是数据需求方需求多元化，需要更多的产品被开发，数据的场景化创新能力需提升。

数据分类分级需向深向广。数据分类分级已提出多年，然而其标准框架偏重宏观上的方向性指导，在一些实际场景下实施细则的覆盖深度与广度不足，且存在管理指向不明确、可操作性不强等问题。只有持续提升数据分类分级标准规范在各应用场景下的指向性和针对性，才能完善分类分级实施细则与操作指南，加快推进数据分类分级保障生态构筑。

（三）数据资产入表落地指导方法尚待完善

《企业数据资源相关会计处理暂行规定》发布后，引发数据要素行业广泛关注，企业纷纷为数据资产入表工作做准备。然而，在落地时，企业面临有政策指引但缺乏明确指导方法的问题。针对数据资产入表的流程，各机构众说纷纭，口径不统一，造成观望的企业多，采取实际和创新举措的企业少。具体体现在以下四个方面。

一是企业对数据资产入表的态度不一，短期顾虑多。大多数有顾虑的企业认为，在数据资产入表过程中，可能需要投入大量资源和成本，包括评估、审计等费用，造成数据资产入表动力不足。不同行业、不同类型的企业，对数据资产入表的态度不一致。有企业表示，数据资产入表对于上市企业来说没有正向作用，不能增加利润，反而会增加成本。也有企业认为，当前的数据资产入表与企业的收入不匹配，预期不明显，所以在未来可能更倾向于不进行数据资产入表。还有企业表示，数据资产入表目前在筹备阶段，面临的主要问题是不知道怎么去做，而且担心把数据相关的资产披露出去，会对市场造成一定的影响，担心重要的商业信息泄露。

二是企业对数据资产相关概念的理解存在差异，待进一步明确。入表的数据资产仍延续过去的会计处理方式，不同企业对数据资产的概念有不同的理解。有企业认为，这是数据资产入表的第一个难题。数据资产入表的手续成本问题、收入和成本难以匹配问题、数据质量的评定问题、数据的安全合规问题，数据资产入表的明确边界和定义，不同类型的企业、不同的行业都有自己的理解，有自己的特色，对数据资产及其衍生概念的理解也有较大差异。

企业对数据资产期限的界定也存在差异。有企业认为，数据的生命周期可能不一，有的数据有效期非常短，有的数据有效期则比较长。如有企业指出，舆情类产品的数据周期非常短，只有几周或几个月的时间，不能达到一年。同时，数据本身的成本计算也会出现期限界定的问题，如在确定数据成本摊销年限时，很难判断这一数据会保存多长时间，不确定性较大，因此成本分摊的计算也是一大难题。数据资产价值评估也存在指标难以统一问题。当前，数据资产价值评估指标更多是考虑量级，在实践中，稍大的一些场景，需要数据有很高的覆盖度，如果覆盖度低，数据质量再好也难以在场景中落地。此外，数据的质量还要考虑数据的清晰程度、可访问性等。

三是数据产权登记体系有待完善。当前实践中，数据产权登记结果难以与数据采集、使用、交易等实际行动形成有效绑定，因而难以发挥明确权属、规范市场等核心作用。以数据资产入表为例，尽管在前期资产确认环节设置了登记流程，但更多只是充当形式化凭证，并未真正涉及产权归属的实质性界定。根本原因在于现行法律法规尚未对数据产权登记做出强制性要求，导致当前大部分登记实践缺乏坚实的法律支撑，仍处于浅层探索阶段。与此同时，各地积极推动登记制度建设。2025年国家公共数据资源登记平台的上线，为数据高效流通和价值释放提供了坚实支撑。然而，目前各地登记证书互认程度较低，难以实现跨区域协同管理。全国统一流程、统一标准、互联互通的数据资源登记体系尚未成熟。

四是企业通过数据资产融资难，银行端政策有待观察。企业数据资产入表的重要目的之一是对无形资产做价值评估，得到银行的认可，从而在银行获取贷款等。然而，当前银行在贷款审核时仍比较谨慎。无形资产，特别是数据资产由于价值评估缺乏统一标准，通常有价无市，流动性不佳，银行担心出现坏债，甚至数据泡沫，接受度相对较低。

（四）数据要素面临流通难等问题

目前，我国对数据要素"流得动"的需求较高，但在数据要素实际流通中仍面临缺乏好的行业生态导致数据要素流通难等困境。我国数据要素流通生态尚未成熟，存在缺乏统一的标准和规范、数据质量参差不齐、数据安全和隐私保护受到挑战等问题。这些问题限制了数据流通端的发展，影响了数据要素的合理流动和有效利用。目前，数据服务市场还不成熟，服务厂商能力较弱。市面上提供数据资产入表服务的厂商众多，包括会计师事务所、专业咨询公司、各地交易所、数据产业运营公司以及信息服务厂家等，但鲜有能够全面、合理地执行数据资产入表的，甚至许多厂商连基本条件都不具备。此外，数据的价值评估是数据要素流通生态良性发展的关键环节。然而，目前仍缺乏成熟的数据价值评估体系和合理的价格机制，导致数据交易双方难以准确衡量数据的价值，影响了数据交易和流通的效率和规模。

（五）数据要素发展面临技术和管理挑战

数据要素价值释放需要技术和管理能力的支撑，调研发现，以下三个方面需要关注。

一是数据质量与可靠性问题评估不足。数据质量作为数据治理的核心，对于确保数据的准确性、完整性、一致性和可靠性至关重要。当前，数据来源越来越多样化，包括传感器、社交媒体、CRM系统等。这使数据的格式、结构和质量各不相同，增加了数据治理的难度。同时，数据质量与价值信息不对称。如数据需求方缺乏明确清晰的数据需求描述，无法准确传达自己所需的数据类型、质量和数量等信息，数据供给方难以准确描述自己能够提供数据的结构和价值，从而导致交易成本和交易风险增加。

二是技术支撑和监管体系面临挑战。数据要素的基础设施和技术环境，是数据要素市场的底层支撑。当前，区块链、隐私计算、多方安全计算等技术被应用于数据要素流通交易业务中，以解决数据溯源、隐私保护、数据流通追溯等关键问题。然而，实践中基础设施和技术环境都与数据要素流通实践的需求、场内市场和场外市场流通环境建设的需求之间存在一定的差距。一方面，当前中国数据要素流通市场的相关制度待健全，数据交易平台缺乏标准、各自建立规则，存在盲点和误区，数据标准化程度低。另一方面，目前尚未有明确的数据交易监管机构，数据交易市场准入、数据安全、数据滥用等监管有待完善。

三是数据管理的安全合规存在隐患。一方面，随着新兴技术在数字经济中广泛运用，数据的分布式存储、多渠道流转、多业务共享成为常态，加之AI技术迅猛发展，数据泄露的途径、动机呈现多元化和隐蔽化的特点。另一方面，由于数据的广泛共享，数据接触者增多，人员安全意识淡薄、企业管理制度不完善等问题导致数据泄露。因此，各主体需要遵守相关的法律法规，通过"原始数据不出域""可用不可见"等技术范式，结合数据安全产业生态培育，构建全生命周期防护体系。

四　中国数据要素发展未来展望

（一）中国数据要素市场将加快发展

随着中国数据要素市场机制的持续完善和技术创新的深入，数据分析、数据存储、数据资产评估等环节的专业化分工将更加精细，形成围绕数据全生命周期的服务生态链。数据特区、多级市场等创新试点正通过财税支持加速培育新业态。然而，在国家层面，关于数据要素市场的确权、定价、交易、监管、治理等的一系列配套制度尚处于探索和研究阶段。进一步推动数据要素市场的健康安全、可持续发展，还需明确数据确权规则，厘清数据产权的法律边界；基于现有市场经验制定公共数据交易指导价格；加强市场交易监管，降低安全风险；完善市场化生态，鼓励数商与第三方机构参与交易服务，细化"谁投入、谁受益"的收益分配原则，推动数据要素市场生态的繁荣发展。

（二）场景化探索是数据要素价值释放的重要途径

数据要素价值释放的核心路径在于场景化驱动，通过需求导向的应用场景构建实现价值释放。一是大力培育多样、专业的数据服务机构，鼓励数据持有方与技术持有方对接数据创新成果、分析数据应用需求，通过场景化开发，联合创新。二是公共数据直接评估定价还不成熟，基于需求的场景打造是实现资产化的有效路径之一。公共数据覆盖领域广、质量较高，但按业务条线、管理区块零散分布在各监管部门，简单地把这些数据归集到一起，难度、阻力都很大。但场景化归集容易得多，数据的使用价值、使用场景会更明确，各个数据持有方也有意愿根据场景需要提供不同维度的数据。因此，应在坚持数据安全原则下，实现场景驱动数据应用，充分发挥数据价值。

《"数据要素×"三年行动计划（2024—2026 年）》也明确提出，打造典型应用场景。未来，数据的价值实现，不仅依靠数据交易，还可以依靠大量的数据场景。比如，以数增信、以数搭桥、以数赋链、以数促融等应用，都为公共数据价值实现提供了可能。

（三）数据治理将步入"新纪元"

通用人工智能的发展，离不开数据的支持，数据质量与安全直接影响模型结果。人工智能技术开发主体可能在数据获取和使用、算法设计、模型调优等方面存在技术能力和管理等不足，导致大模型存在偏见歧视、误用滥用数据等风险。面向人工智能开展数据治理成为人们关注的新课题，在大力发展数字经济的同时加强对数据的治理成为人们的共识。中国信通院云计算与大数据研究所所长何宝宏在题为"下一代数据治理"的演讲中提到，随着数据要素市场的蓬勃发展和人工智能技术的快速迭代，数据治理面临管理效能、人员协同、多模数据管理、高质量数据集建设等方面的挑战，数据治理工作开始由劳动密集型向自动化、智能化转变。

参考文献

胡涵：《数据要素市场逐步走向成熟》，《经济日报》2024年5月13日。

李婕：《九部门发布方案，着力打造高水平数字人才队伍——为数字人才搭建"成长阶梯"》，《人民日报》（海外版）2024年5月14日。

刘晓晗：《我国数据要素市场化建设进展及路径》，《探求》2024年第2期。

门理想、张瑶瑶、张会平等：《公共数据授权运营的收益分配体系研究》，《电子政务》2023年第11期。

邵鹏璐：《设立首席数据官：是潮流更是现实需要》，《中国经济导报》2023年10月10日。

童楠楠、杨铭鑫、莫心瑶等：《数据财政：新时期推动公共数据授权运营利益分配的模式框架》，《电子政务》2023年第1期。

童天：《加快培育数字人才，汇聚发展核心动能》，《光明日报》2024年4月29日。

王鹏：《2023年我国公共数据授权运营发展情况总体分析》，中国日报中文网，https：//column. chinadaily. com. cn/a/202311/28/WS6565871ca310d5acd8770b82. html。

王绍绍：《数据资产"入表"助力数字经济加速跑》，人民网，http：//finance. people. com. cn/n1/2024/0428/c1004-40225776. html。

周璐璐：《业内专家：完善数据确权制度和机制 推动数据要素市场高质量发展》，中国证券报·中证网，https：//www. cs. com. cn/xwzx/hg/202308/t20230809_ 6360324. html。

政策法规篇 ⟫

B.2
2023～2024年企业数据资源会计核算理论与权属配置研究报告

摘　要：　本报告首创性提出"现金流量特征下的企业数据资源通用分类理论模型",从通用逻辑出发得到四类数据资源的现金流量特征,基于此得到数据资源的通用分类——数字类基础设施、数据线索类算法、定制类云技术服务、标准类数据产品,并以此构建数据资源会计核算的基础理论,得到与之对应的数据资产会计分类:数字固定资产、数字无形资产、数字技术资产、数字存货资产。进一步,本报告面向"通信、金融、互联网"重点应用场景,考虑场景依赖性,基于数据资源的控制权转移及共享特征与现金流量特征,归纳得到企业管理数据资源的四种业务模式:数据中台、数据标品、数据专项与数据投放。在此基础上,本报告就四类数据资产的确认、列报、资本化条件、后续计量、损益核算、终止确认等会计活动,进行理论阐述和提出政策建议。本报告较系统地提出企业数据资源会计核算的理论与方法,建议出台

---

* 曾雪云,博士,北京邮电大学经济学教授、博士研究生导师,国家高层次人才,主要研究方向为数字经济、会计准则与公司金融。

数据资源会计处理的应用指南、制定数据资源会计准则，以指导数据资源的资产化和会计核算。

关键词： 数据资源通用分类　数据产权制度　数据资源入表

财政部于 2023 年 8 月 1 日印发《企业数据资源相关会计处理暂行规定》（以下简称《暂行规定》），该规定自 2024 年 1 月 1 日起施行。《暂行规定》明确了数据资源会计处理适用范围和适用准则，以及列示和披露要求，为企业数据资源会计处理提供了规范和指引，但并没有明确数据资源确认、计量等具体的会计核算方法。目前，数据资源入表面临双重挑战：首先，数据资源的价值难以量化，使计量成为难题；其次，业界对于数据资源相关支出的资本化及实施方式尚未达成共识。[①] 企业管理层普遍在稳健性原则下"不敢入表"、"不会入表"和"不愿入表"。本报告基于对中央在京企业和北京市十余家重点企业的实地调研，提出关于企业数据资源的通用分类理论模型、会计确认及损益核算方法，作为中国自主会计知识体系下关于数据资源会计处理方法的初步构想。

数据资源不是单一类别的资产项目，而是所有数字化资产的集合。鉴于其多源异构性和复杂性，对其进行分类管理尤为重要。分类管理有助于理解数据资源的业务逻辑，挖掘其潜在价值。[②] 本报告在 2023 年首次提出的"现金流量特征下的企业数据资源通用分类理论模型"，是在充分调研和持续研究的基础上形成的。2023 年 7 月以来，创新团队开展了多项实地调研，征询了大数据公司（联通大数据公司、中国电信海南分公司、中国移动研究院）、知名研究机构（中国信息通信研究院云计算与大数据研究所）、互联网公司、会计准则制定者、国际电信联盟的数据资产标准制定者等的意见和建议，得到关于本报告提出的数据资源基础理论模型的合理性和可操作性的正向反馈。而且，本报告提出的企业数据资源通用分类理论模型，已经于 2024 年 1 月到 6

---

① 曾雪云：《企业自有数据资产估值入表的逻辑与准则考量》，《财务与会计》2023 年第 2 期。
② 曾雪云：《数据资产准则制定成为全球话题》，《中国会计报》2023 年 3 月 3 日。

月，在国家电网集团下属从事信息化业务的 G 上市公司中得到首次应用尝试，现已形成完整的 G 上市公司数据资源管理属性优化的研究报告、G 上市公司数据资源入表方法论的白皮书。该理论模型也已经在北京首创生态环保集团等多家企业进行重点宣讲和实践应用探索。目前，创新团队正基于这一企业数据资源通用分类模型，联合数科类中央企业、重点科研院所、知名数据交易所，发起关于企业数据资源入表的一系列团体标准的制定。希望本报告提出的企业数据资源通用分类理论模型，可以成为中国自主会计知识体系研究的垫脚石和敲门砖，在确认、计量、核算、反映新质资产方面，做出原创性理论贡献。

一 关于企业数据资源的通用分类理论模型

数据资源可以根据其在数据价值链中的位置，分为原始类、过程类和应用类。这种分类有助于识别数据资产在不同阶段的特点和潜在价值。[①] 进一步，基于对企业数据资源分类问题的实地调研、实践研究、访谈观察与学术思考，经过充分讨论，从通用性和普遍性逻辑出发，得到数据资源的四种现金流量特征：无直接对应的现金流入、一次性交易且后续无现金流出、一次性交易且后续有现金流出以及重复性现金流入。在此基础上，结合调研走访结果与收集的材料，定义了四类数据资源，分别为数字类基础设施、数据线索类算法、定制类云技术服务、标准类数据产品，并以此构建数据资源会计核算的基础理论。以下提出如图 1 所示的现金流量特征下的企业数据资源通用分类理论模型。

（一）数字固定资产

数字类基础设施。这类数据资源是企业内部管理（M 域）、生产与运营（O 域）、经营与商务（B 域）的数字化底座，几乎不会直接对外交易和产生现金流入，因此将其划分为数字类基础设施。数字类基础设施是企业生产数据

---

① 曾雪云、杜晟：《企业自有数据资产的分类与估值方法探究——基于光大银行数据资产估值实践》，《财务与会计》2023 年第 19 期。

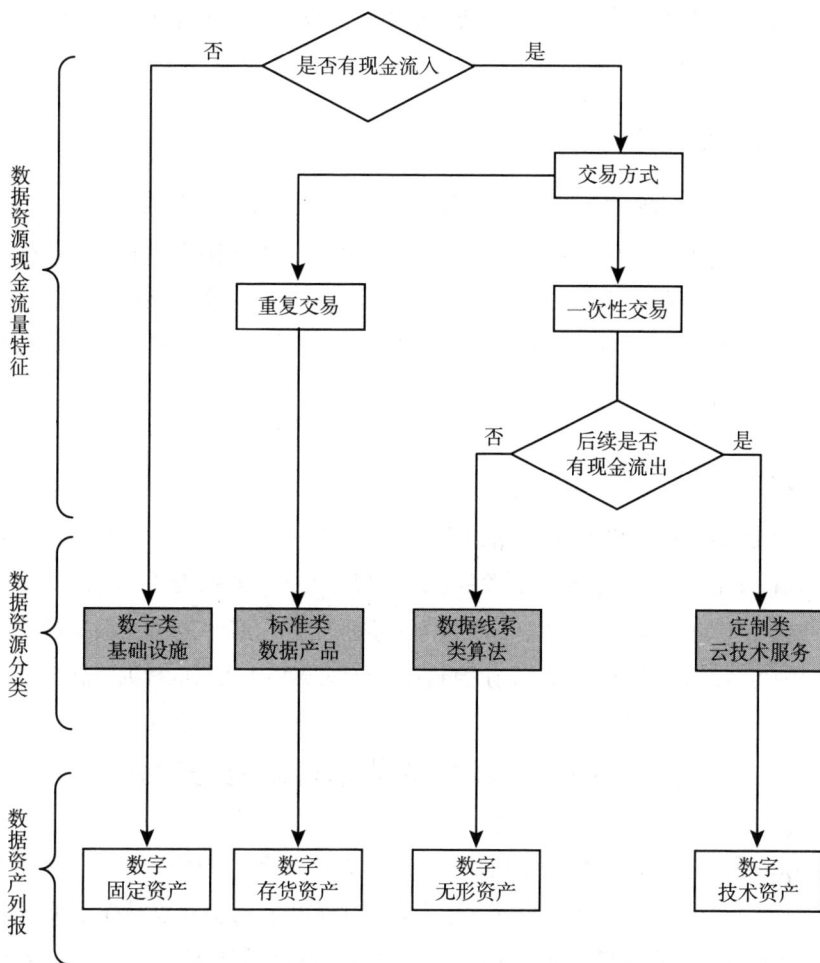

图 1　现金流量特征下的企业数据资源通用分类理论模型

商品、提供数据服务和进行内部经营管理的技术基座，是使用寿命超过一个会计年度的数据资源。数字类基础设施包括企业底层联盟链以及企业数字化转型过程中建造的各类数字化平台、数据中台和云网设施等。

（二）数字无形资产

数据线索类算法。收集网络上潜在客户的信息，如姓名、电话、地址以及可能包含某些特定的需求和意向的信息，并对这些信息进行处理和价值挖掘，从而形成数据线索类算法。数据线索类算法可多次投放，且无后续服务，具有可重复交易的特征。典型应用场景是互联网企业的广告投放。

（三）数字技术资产

定制类云技术服务。定制类云技术服务是指企业基于模型算法等数字技术，在云端为用户提供的定制化数据联盟链服务。这类数据服务是基于用户的个性化需求定制的，资产专用性强，其交易特点是一次性交易和难以重复交易。同时，定制类云技术服务包含后续服务，可能发生维护成本等现金流出，具有持续现金流量变动的特征。

（四）数字存货资产

标准类数据产品和数据集。这类数据资源生成后能够进行无限次交易，其现金流量特征是与日常经营活动相关的重复性现金流入。数据集是指经过采集、脱敏、清洗、标注、整合、分析、可视化等一系列加工处理后的标准化数据资源。标准类数据产品是企业日常经营活动中持有的，且最终用于出售的数据产品。

二　面向重点场景的数据资源业务模式

考虑到数据资源的场景依赖性特征，有必要面向"通信、金融、互联网"重点应用场景开展实例研究，使基于未来现金流分析的企业数据资源通用分类理论模型与会计实践相结合，实现从理论模型到确认标准流程的转化，为企业数据资源的会计核算提供方法指引。

数据资源涵盖范围广泛，有必要对其进行分类分级管理，以适应不同的业务应用场景和经济特性。[①] 根据对联通数字科技有限公司、首颐医疗健康投资管理有限公司、北京抖音信息服务有限公司、北京快手科技有限公司等公司的实地调研和数据业务分析，本报告基于数据资源的控制权转移及共享特征与现金流量特征，归纳出数据中台、数据标品、数据专项与数据投放四类业务模式（见图 2 和表 1）。

---

① 曾雪云：《数据资产准则制定成为全球话题》，《中国会计报》2023 年 3 月 3 日。

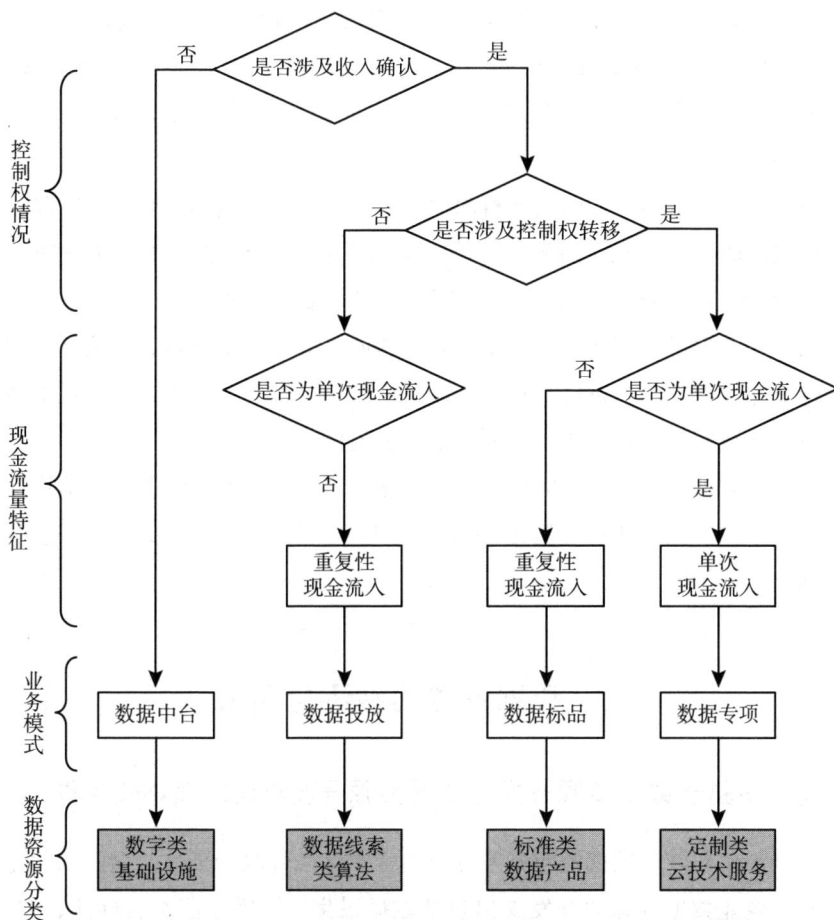

图2 面向重点场景的数据资源相关业务模式识别及确认标准流程

表1 基于重点场景下典型实例的数据资源类别划分

场景	业务名称	业务模式	控制权转移	现金流量特征	数据资源会计核算类别
通信	"联通链"基础设施	数据中台	不涉及	不涉及	按成本法计量的数据资源
互联网	结构化产品	数据标品	某一时点	一次性确认收入且可重复实现	按公允价值计量的数据资源
金融	"金易链"金服平台	数据专项	某一时段	分阶段确认收入且不可重复实现	按成本法计量的嵌入型数字技术
互联网	平台数据线索类业务	数据投放	不涉及	一次性确认收入且可重复实现	按公允价值计量的数据资源

第一，数据中台。如联通数字科技有限公司（简称"联通数科"）建造的"联通链"数字技术开发底座，集成"1"个一体化 BaaS 基础平台底链、"8"种通用服务组件构成区块链能力基座。它虽未直接参与市场交易，却能带来经济利益。

第二，数据专项。如联通数科面向无锡市商业银行定制的联盟链产品——利用区块链的去中心化、可溯源、不可篡改的特性保证隐私计算任务的"金易链"金服平台，属于控制权共享模式，不需要数据流通。

第三，数据投放。如互联网企业基于协同过滤、深度学习、算法开发的用户画像业务，识别用户偏好和行为，赚取信息服务费的业务模式。它虽不涉及数据流通和数据控制权转移，但属于数据驱动的交易。

第四，数据标品。如互联网企业以数据集形式呈现的，涵盖用户信用信息标签的标准化产品，此种类型还有电子图书、电子文献，其中的数据控制权均可流通。

三　数据资源的确认与列报

（一）基于数据资源分类的数据资源开发支出的资本化条件

基于配比原则，数据资源开发支出的资本化条件取决于受益期间和收益实现方式。企业数据资源的开发支出包括数据采集、脱敏、清洗、标注、整合、分析、应用等一系列过程所发生的成本费用。当前，大量数据资源开发支出直接计入当期损益，然而数据资源的受益期间不限于当下，甚至可能是未来很长一段时间。企业现有做法是将原本应在未来较长一段时间内，逐期结转损益的数据资源开发支出一次性计入当期损益，造成了开发支出的期限错配问题。因此，有必要通过识别数据资源类型判断其受益期间，论证数据资源开发支出的资本化条件。

1.数字类基础设施的开发支出与企业内部经营活动相关

数据开始资本化应当满足两个条件：其一，拥有足够的技术、财务资源和其他资源支持，以保证能够完成数据资源的开发；其二，为经营管理而持有，能够证明该数字类基础设施对企业内部管理的有用性。

2. 数据线索类算法的开发支出本质上是数字技术的开发支出

虽然数据投放业务对用户而言属于一次性交易，但其背后的数字技术是企业反复使用的，并且会在较长一段时间为企业带来经济利益。数据开始资本化应当满足两个条件：其一，已经开发并使用该技术；其二，能够明确该数字技术产生经济利益的方式，包括能够证明运用该数字技术的数据线索类算法存在市场。

3. 定制类云技术服务的开发支出与企业对外提供数据服务活动相关，能够带来单次现金流入

数据资源开始资本化应当满足两个条件：其一，定制类云技术服务为赚取收益而持有；其二，能够证明该定制类云技术服务存在市场。

4. 标准类数据产品的开发支出与未来的损益相关，受益周期较长，具有基础性和持续性

基于数据资源的"非消耗性""非竞争性"特征，数据产品的出售不会产生库存消耗，这是数字存货与传统存货的本质差异。数字存货具有可重复交易特征，导致数字存货的生命周期可能超过一个会计年度，长于一般存货的生命周期，这对现有存货概念提出挑战。因此，其开始资本化应当满足两个条件：其一，具有生产数据产品的能力，并且已经开始生产数据产品；其二，数据产品完工后具有出售意图。

（二）基于数据资源分类标准的确认和列报方式

1. 将数字类基础设施确认为数字固定资产

数据是以电子数据集方式存在的有形资产，具有电子物理属性。因此，在作为固定资产确认时，应考虑其对企业内部管理的有用性。数字经济时代，企业数字化转型搭建了数据中台和数字化平台等新基建系统，用于各业务部门间的数据互联互通，从而产生了大量用于内部共享、优化管理层决策质量的数据。数字类基础设施并无现金流入，并且会经常性改扩建和更新组建系统，在现金流量特征和持有目的方面与固定资产具有一致性。因此，本报告建议将其确认为数字固定资产。按照数据中台的预计可使用寿命，每年进行数字固定资产折旧。

2. 将数据线索类算法确认为数字无形资产

区别于标准类数据产品，数据线索类算法属于企业数字技术的衍生服务，具有重复性现金流入的特点，与无形资产在现金流量特征和业务模式方面具有一致性，因而本报告建议将其确认为数字无形资产。

3. 将定制类云技术服务确认为数字技术资产

定制类云技术服务与数字类基础设施的联系在于，定制类云技术服务以数字类基础设施的底层建构为基础，两者都具有基础设施特性；区别在于，定制类云技术服务与经营性活动相关，而数字类基础设施仅供企业内部使用，不会对外交易，因此不会产生现金流入。定制类云技术服务与数据线索类算法同属于交易性资产，区别在于定制类云技术服务后续还会产生维护支出，具有持续产生现金流出的特点。因此，建议将定制类云技术服务单独确认为新的资产项目，即数字技术资产。

4. 将标准类数据产品和数据集确认为数字存货资产

当前存在将标准类数据产品和数据集确认为无形资产的观点。其判断依据为，数据产品仅对外授权使用而并未被买断。从现金流量特征和数据自身特征出发，本报告认为数据资源的"可复制性"和"非竞争性"使数据集和标准类数据产品可以重复交易，具有重复性现金流入的特征，与存货在现金流量特征和形成方式上具有一致性。因此本报告建议将数据集和标准类数据产品确认为数字存货。

（三）基于数据要素价值消减特性的数据资源终止确认

1. 数据资源转移与处置的时点与条件

当数据资源无法给企业带来预期收益时，应该进行终止确认。[①] 本报告结合数据资源在不同场景下的价值易变和价值消减特性，提出终止确认的几点意见。前期调研显示，医疗场景下的个人病历数据，具有长期价值。但互联网电商营销数据的经济价值逐年递减，若不能带来经济利益，则不再符合数据资产的定义，需进行终止确认。此外，当收取该数据资源现金流量的合同权利终

---

① 尹传儒、金涛、张鹏等：《数据资产价值评估与定价：研究综述和展望》，《大数据》2021年第4期。

止，或该数据标品使用权转出时，亦当进行终止确认。

2. 不同特性数据资源摊销方式与减值测试方式比较

考虑数据资源类别、特性的不同，根据其后续计量中减值、摊销或公允价值估计的方法选择，还需探索数据资源减值损失、累计摊销与累计的公允价值变动损益的结转方式。摊销方式的选择主要考虑数据资源的使用周期和每个会计期间分摊的预期经济效益。减值测试方式的选择，还涉及对数据资源是否存在减值迹象的判断，以及对可收回金额确定方法和净值法的适用条件选择。

3. 数据资源转移与处置的会计核算

其一，若数据资源发生转移，如企业收回授予某一主体的数据投放使用权，将其转移至另一主体时，应将被转移数据资源在终止确认日的账面价值与因转移数据资源而收到的对价差额计入当期损益。其二，当数据资源预期不再为企业带来经济利益时，应当终止确认，结合数据资源类别选择转销方式。其三，当数据资源失去其经济价值，并且未来不再有任何使用或转让的可能时，应转入当期损益。

四　数据资源全生命周期计量与损益核算

（一）结合业务模式的数据资源初始计量与成本核算

数据资源初始计量的关键在于，与数据资源开发利用相关的成本核算。若数据资源的成本难以计算，则无法实现"成本或者价值能够可靠计量"。企业外购数据资源成本计量相对简单，但内部数据资源开发时相关支出的确认、计量等，在实务中可能面临诸多难点。鉴于此，初步提出以下建议。

1. 自有数据资源的开发阶段辨识

结合分场景数据资源业务模式，探索内部数据资源研发项目的研究阶段支出和开发阶段支出界定标准，识别出由研究阶段转入开发阶段的关键节点。

2. 自有数据资源的开发成本归集

企业通过数据治理和加工取得数据资源的成本包括：（1）采购成本；（2）数据采集、脱敏、清洗、标注、封装、分析、可视化等加工成本；（3）其他支出。其成本来源复杂且成本周期和主体难以清晰判定。因此，可基于重点场景下的"采、存、管、算、用"数据治理流程和自有数据资源开发的"归集路径-归集主体-归集期间"分析框架，进行业务归集、项目归集、部门归集，对应到业务经理、项目主管、部门主任，准确追溯数据资源资产化过程中的成本投入。

3. 数据资源的生成成本分配

其一，数据中台的建造成本分配，涉及数据存储和处理的硬件、软件成本及人工成本；其二，数据标品的开发成本分配中，数据标品的运营、维护和更新成本是重要组成部分；其三，数据专项的生成成本分配，涉及项目启动、规划和运维管理的成本；其四，基于对某互联网企业的前期调研，数据投放的生成成本分配还会涉及数据投放策略的设计成本、数据安全和隐私保护成本。

4. 间接费用分摊标准

间接费用通常不与某一数据资源直接相关，而与多个数据资源相关。例如，为保护所有数据资源而产生的网络安全费用，以及与多个数据资源相关的算力、流量、电力、人力、内存消耗以及机器折旧等"资源消耗"费用。

（二）结合业务模式的数据资源后续计量

不同应用场景下的数据资产有其专用属性。[①] 因此，本报告依托重点场景下的数据资源业务模式，探索各类数据资源的后续计量选择权。

1. 按摊余成本计量的数据中台

使用成本法进行数据资源价值评估，仅能保守地反映数据资源的价值下限。数据资源价值具有高度的不确定性和波动性，摊销或减值测试方法均难以适配数据资源的价值增值特征。然而，就不存在市场交易的数据中台来说，仍可根据其对企业的技术支持作用，合理选择摊销方法进行后续计量。

2. 按公允价值计量的数据标品

考虑到不同主体可能对同一数据资源具有不同的价值预期，加之数据标品

---

① 曾雪云、叶滨：《移动通信数据资产化应用实践与入表核算路径设计》，《财务与会计》2023 年第 24 期。

随时间累积而增长的规模特征，可参考 FASB ASC 940 对关于数字货币的会计处理方法，在存在有序交易市场的前提下，以主要市场或最有利市场的价格估计数据资源的公允价值。囿于当前数据交易市场尚不成熟，缺乏市场参照物，此举可能会增加公允价值评估的过程风险。

3. 按未来现金流量折现核算的数据专项

与标准化的数据标品不同，数据专项通常是企业的定制化数据资源，因此较难通过市场公允价值进行核算。但数据专项在资产交付过程中会通过协议规定未来收益，因此可按未来现金流量折现的方式进行后期核算。

4. 数据投放的后续计量

企业对依托数据中台生成的数据投放进行会计处理时，应当合理判断依存关系，考虑其经济特征是否与数据中台紧密相关，并结合其他条件决定如何分拆。

（三）结合业务模式的数据资源收入确认和核算

收入确认是企业会计核算的关键环节。数据资源由于其独特的收入确认条件和方法与传统资产有所不同，应从业务模式、控制权转移与合同现金流量特征出发，研究不同类别数据资源的收入确认逻辑。

1. 数据中台的收入确认与核算

对于"联通链"基础设施，在数据中台业务模式下，通信行业的数字基础架构服务不涉及控制权转移，因此属于按摊余成本计量的数据资源，通常不产生外部收入，但可以有集团内部收入，此时可按工作量法或算力资源消耗量进行内部结算。

2. 数据标品的收入确认与核算

企业持有数据标品的目的在于，出售数据资源，当控制权在某一时点转移给客户时，即可确认收入。作为按公允价值计量且其变动计入当期损益的数据资源，收入确认与传统的商品销售模式相似，但可重复交易的特性会影响收入确认条件。

3. 数据专项的收入确认与核算

对于金融领域的"金易链"金服平台，在数据专项业务模式下，企业提供持续的服务，并在某一时段确认收入。通常来说，可在服务提供期间，根据与客户签订的合同条款来确认收入。但其收入核算的关键，还在于结合经济合同，进行一次性确认或分次确认。

4.数据投放的收入确认与核算

互联网领域的平台数据线索服务采用数据投放业务模式。此种模式不涉及控制权转移，其目标是通过数据投放来收取合同现金流量。因此，可归入按公允价值计量且其变动计入其他综合收益的数据资源，企业应当在提供服务期间确认收入。

五　问题梳理和管理建议

（一）构建自主知识体系下的数据资源会计核算理论与方法体系

《暂行规定》是数据资源入表核算领域的自主知识体系建设中的一项创新性尝试。但《暂行规定》遵循实践先行的理念，目前尚缺系统的数据资源会计核算理论。亟待构建数据资源会计核算理论与方法体系，用于指导企业数据资源化的具体实践，以利于数据要素价值的释放。本报告提供了初步的解决方案。具体而言，首先，基于现金流量特征提出企业数据资源通用分类理论模型，以此为研究基础面向"通信、金融、互联网"重点应用场景，归纳出四种业务模式。其次，围绕数据资源全生命周期，初步明确数据资源资产化条件，提出数据资源的分类确认和列报方式，以及终止确认的条件。最后，结合业务模式，探讨与数据资源相关的初始计量和后续计量，以及收入确认条件与核算标准。

（二）出台《暂行规定》应用指南

通过实地调研发现，在《暂行规定》下，数据资产化的会计实务工作仍面临多重困难。一是《暂行规定》确定了数据资源的适用范围，而对于数据资源的确认、计量和损益核算等相关会计处理程序缺乏明确实践指导，加之部分企业对数据资源的价值认知有限，对于入表必要性的理解不够充分，存在"不会入表"的问题。二是考虑到《暂行规定》给予企业较大的自由裁量权，管理层在判断数据资源相关支出是否形成资产时具有选择权。因此，管理者可能萌生"不愿入表"的想法。三是数据保护方面的法规对企业数据资产化有一定的限制，导致企业在实践中面临困难，存在"不敢入表"的问题。因此，仍需推进《暂行规定》应用指南，通过明确政策指导和会计处理要求，有效解决企业数据资源入表面临的"不会入表"、"不愿入表"和"不敢入表"问题。

（三）推动《企业会计准则——数据资源》的出台

对于数据资源的会计处理问题，当前实务界普遍认同加强信息披露是务实的解决方案和路径。《暂行规定》有助于监管部门完善数字经济治理体系、加强宏观经济管理，可以提供会计信息支撑，为报表使用者提升决策效率提供有用信息。但从本质上而言，数据资源与现有无形资产和存货的基本特性不同，而《暂行规定》在如何计量数据资源上并无突破，主要是套用《企业会计准则第6号——无形资产》和《企业会计准则第1号——存货》。将数据资源暂时归于无形资产或存货可以在短期内应对会计核算问题，但长远来看仍难以适配新经济[1]，因此数据资源的会计处理仍应制定专门的会计准则予以指导，可考虑启动《企业会计准则——数据资源》的相关工作。

---

[1] 曾雪云：《创建理顺数据要素产权治理的"隐形按钮"》，《中国会计报》（国际频道）2023年2月17日。

B.3
2023~2024年数据携带权研究报告

张文祥　陈力双　钟祥铭 *

摘　要：　《中华人民共和国个人信息保护法》的施行正式开启了中国个人信息和数据保护的全新历程。数据携带权成为数据治理最重大的博弈点之一，实现对数据的控制以及控制范围的界定变得越来越重要。确立和完善数据携带权，是从制度上保障数据的流动和利用的重要一环。本报告对数据携带权的中外制度进行溯源，并以腾讯诉多闪用户数据归属案这一全新观察点为例对争议点展开学理分析。平衡数据主体和数据处理者之间的权益、平衡数据主体与第三人之间的权益、平衡数据处理者之间的权益，是解决数据主体、企业、第三人之间的利益平衡问题的核心。在私权利和公共利益的冲突中寻求平衡，应当在考虑数据安全和数据要素化的客观需求基础上，对权益主体进行相向而行的有益调适，推进数据携带权制度完善。

关键词：　个人信息　个人信息保护法　数据携带权　数据治理

《中华人民共和国个人信息保护法》（以下简称"《个人信息保护法》"）于2021年11月1日起施行，正式开启了中国个人信息和数据保护的全新历程。该法第45条第3款对数据携带权做出原则性规定，这是中国首次在法律层面明确个人信息和数据的可携性。数据携带权不仅赋予数据主体在数据控制者之间传

---

* 张文祥，传播法博士，浙大宁波理工学院传媒与法学院、浙江大学网络空间安全学院双聘教授，网络空间治理与数字经济法治（长三角）研究基地执行主任，浙江大学网络空间国际治理研究基地秘书长，主要研究方向为传播法与伦理、数字治理、智能传播与治理等；陈力双，暨南大学新闻与传播学院博士研究生，主要研究方向为传播法与伦理、智能传播与治理等；钟祥铭，设计学博士，浙江传媒学院互联网与社会研究院助理研究员，乌镇数字文明研究院研究员，主要研究方向为数字治理、智能传播、智能鸿沟、互联网历史。

输个人数据的权限，还具备超越数据保护的影响，对个人数据的保护和使用、数据驱动市场竞争和创新发挥积极作用。该法仅明确了数据主体在行使权利时所需具备的基本要素以及个人数据处理者应承担的基本责任，对数据可携带的类型、范围，以及在数据转移过程中所涉及的风险和技术可行性等的具体规定仍显不足，导致该权利缺乏可操作性，尚未具备成为一种成熟型权利的条件。

《个人信息保护法》颁行前发生的腾讯诉多闪用户数据归属案，于2023年8月16日重新开庭审理，提供了数据携带权的最新、最佳观察点。与2010年"3Q大战"、2021年"阿里二选一案"、2022年"滴滴事件"等案例推动反不正当竞争、反垄断、网络安全审查等领域法律制度的完善相似，该案在推进数据治理进程中具有风向标意义。腾讯诉多闪用户数据归属案的判罚，将直接影响甚至决定未来《个人信息保护法》真正的规范执行效用与数据市场影响力价值。中国应以该案为契机，推进个人数据携带权制度实质性落地。

随着实质性的保护制度落地推进，数据携带权显然成为中国数据治理最重大的博弈点之一。它既是平台与公众之间利益博弈时平衡的关键，也是政府对数据平台治理力度考量时决策的关键，更是一系列制度落地时"颗粒度"以及与国际制度对标的新规则的参照。

一 腾讯诉多闪用户数据归属案与数据携带权争议

2019年1月15日，抖音将产品内的私信功能升级，推出自己的社交产品多闪。当日，多闪下载链接在微信内被屏蔽。2019年2月18日，腾讯在天津市滨海新区人民法院起诉北京字节跳动科技有限公司旗下的抖音和多闪这两款视频社交软件涉嫌不正当竞争，索赔290万元，并向法院申请了诉讼禁令，要求抖音和多闪在法院判决前立即停止使用仅获得平台用户授权、未获得腾讯平台授权的来源于微信/QQ开放平台的微信/QQ用户头像及昵称，并要求多闪删除相关数据。

2019年3月18日，天津市滨海新区人民法院作出裁定，支持腾讯用户的头像、昵称属于腾讯核心资产的主张，要求多闪停止使用来源于微信/QQ开放平台的微信/QQ用户头像、昵称。

2019年6月24日，腾讯诉多闪用户数据归属案第一次开庭审理，此后一直未出判决。

腾讯主张，抖音和多闪在本案中的行为没有经过腾讯授权，侵犯了其商业利益，属于不正当竞争。这些行为包括：①在抖音的"好友推荐"中展示用户从微信/QQ同步而来的抖音账户头像、昵称；②将腾讯提供给抖音的微信/QQ登录功能提供给多闪使用；③将用户自微信/QQ同步而来的抖音账户头像、昵称数据提供给多闪，在多闪内使用；④在多闪中提供邀请微信/QQ好友功能。

抖音和多闪则认为，用户在社交产品中上传、设置的头像和昵称，具有很强的个人属性，用户对该数据享有绝对控制权，包括使用权、可携带权等。抖音和多闪使用这部分数据前，已经通过弹窗提醒和用户协议签订等方式获得用户授权。对于用户个人的头像和昵称数据，腾讯没有实质性投入和贡献，存储或者先接触数据本身不能成为一种权利来源，腾讯没有权力干涉抖音和多闪在自己的产品功能中使用已获得用户授权的用户数据。因此，抖音和多闪并未侵犯腾讯合法权益。

时隔四年之久，腾讯起诉多闪终于有了下文。已正式实施的《个人信息保护法》中的数据携带权为腾讯诉多闪用户数据归属案的审理提供了新的法律依据。作为中国首部专门针对个人信息保护的系统性、综合性法律，《个人信息保护法》对"个人信息可携带权"做出明确规定，提出"个人请求将个人信息转移至其指定的个人信息处理者，符合国家网信部门规定条件的，个人信息处理者应当提供转移的途径"。但是，微信/QQ的用户头像及昵称可由用户自行编辑，在微信/QQ用户头像并非用户自拍，昵称也非用户真实姓名的情况下，其是否仍构成自然人的个人信息成为关键。

2023年8月9日，天津市滨海新区人民法院官网开庭公告显示，案件将于2023年8月16日再次开庭。在8月16日的开庭中，腾讯和抖音双方围绕用户能否自主授权抖音和多闪使用自己与微信/QQ同步的头像和昵称问题展开辩论。① 该案的焦点问题是对平台上产生的可识别的、专属性的个人数据，用户、数据持有方、数据获取方各自享有什么权利，以及三方如何制衡以实现数据治理的分配正义。这为中国从制度上落实个人数据携带权提供了契机。

---

① 《腾讯诉多闪用户数据案再次开庭》，百度百家号"中国网科技"，https：//baijiahao.baidu.com/s？id=1774543219351615107&wfr=spider&for=pc。

二 数据携带权的中外制度溯源

数据在数字化、网络化与智能化构建中发挥着关键作用，同时还在快速融入生产、分配、流通、消费以及社会服务管理的广泛应用中，体现其作为新型生产要素带来的生产、生活方式与社会治理模式的深刻变革。随着云计算、大数据和人工智能等信息技术的迅速发展，数字经济时代已然到来，数据在经济发展中的关键作用日益凸显。2020年，《中共中央 国务院关于构建更加完善的要素市场化配置体制机制的意见》指出，"加快培育数据要素市场"。数据被视作与土地、劳动力、资本、技术并列的五种生产要素之一。2022年，《中共中央 国务院关于构建数据基础制度更好发挥数据要素作用的意见》（简称"数据二十条"）对外发布，从数据产权、流通交易、收益分配、安全治理等方面构建数据基础制度，提出20条政策举措。"数据二十条"的出台，将充分发挥中国海量数据规模和丰富应用场景优势，激活数据要素潜能，做强做优做大数字经济，增强经济发展新动能。[1]

作为基础性、战略性资源和重要的生产要素，数据兼具两种属性：其一，发挥作为底层支撑的基础性作用，其二，作为促进经济增长与创新的关键驱动力。有价值的数据在数字经济发展过程中承担培育新产业和构建新商业模式的重要任务，在数字经济发展中扮演着关键角色。它不仅是新兴技术、新商业模式和新经济增长点的基础，还能够显著影响传统产业的转型升级，在资源配置优化下推动供需之间精准对接和促进价值链流转方式创新，对各产业领域的其他生产要素具有乘数效应。此外，数据作为一种新型生产要素，对于促进劳动力、资本等生产要素在各行业中的价值发挥，激发市场活力和社会创造力也具有不可替代的作用。充分挖掘数据的生产价值，并将其纳入市场流通体系，能够有效促进数字产业与传统产业的深度融合，从而为经济转型升级提供强大推力，进而实现经济增长方式的优化。合理利用数据要素、配置数据资源对于数字经济的繁荣与发展具有关键意义。数据要素极为重要，必须重视数据要素市

---

[1] 《"数据二十条"对外发布，构建数据基础制度体系——做强做优做大数字经济》，中国政府网，https://www.gov.cn/xinwen/2022-12/21/content_5732906.htm。

场的发展，更为合理地挖掘数据资源、提高数据利用效率。① 在此背景下，实现对数据的控制以及控制范围的界定变得越来越重要。数据的可携性，即移动、复制或转移数据的能力，就是控制手段之一。② 确立和完善数据携带权，是从制度上保障数据流动和利用的重要一环。

个人数据携带权（Right to Data Portability）也被称作个人信息可携权、个人数据可携带权等，是用户对数据的正向控制权，最早体现为电信领域的号码携带权，是经由欧盟《一般数据保护条例》（General Data Protection Regulation，GDPR）形成的一项个人在其个人数据处理活动中的权利，该条例对数据携带权的规定主要集中在第 20 条。③ 基于数据隐私保护的原则，数据主体对其个人信息享有数据携带权，这一权益包括数据获取和数据传输两方面的内涵。首先，数据主体有权从数据控制者处主张并以结构化、通用和机器可读的格式获取个人数据。其次，在技术可行的情况下，数据主体有权要求数据控制者以结构化、通用和机器可读的格式将个人数据转移至其他数据控制者。GDPR 将个人数据定义为数据主体自愿披露的信息以及数据控制者通过观察获得的信息。在此基础上，个人数据可进一步划分为四类：主动提供的数据、观察得到的数据、推断得出的数据以及衍生数据。其中，在通过一系列复杂的分析和加工之后，推断得出的数据和衍生数据的价值被深度挖掘并内化为企业的无形资产，这些数据不再局限于原始的个人信息范畴，而是承载着大量的商业投入和创新成果，因此应当被区别对待，不应归入数据携带权的客体范畴。

---

① 《发展数字经济应抓住数据要素市场化这个关键》，国务院国有资产监督管理委员会网站，http://www.sasac.gov.cn/n2588025/n2588134/c19804978/content.html。

② 朱真真：《数据可携权与知识产权的冲突与协调》，《科技与法律》（中英文）2022 年第 5 期。

③ 数据携带权最早是在 2012 年 1 月欧洲议会通过的《一般数据保护条例》草案中引入。该权利允许数据所有者在数据控制者之间转移个人资料，目的是确保个人能够控制服务提供者所持有的个人资料。在从最初的提案到最终被采纳之前，数据携带权遭遇诸多质疑，一些学者对它是否应该保留在《一般数据保护条例》中表示怀疑，他们指出数据可携性可能会给市场竞争带来不利影响，并提出数据携带权与数据控制者的知识产权之间的关系问题。一些反对者甚至认为数据可携带性不属于数据保护的范围，而属于消费者权益保护法或反不正当竞争法的范围。然而，由于这项新权利旨在加强数据主体对其个人数据的控制，并确保个人数据在成员国之间自由流动，被认为属于欧盟数据权的范围。最终，数据携带权被纳入《一般数据保护条例》的第 20 条。

GDPR 将数据携带权赋予数据主体，以应对数字经济发展过程中出现的用户被"锁定"问题，实现私法领域的权利平衡，使数据主体在与数据控制者的关系中处于更有利的地位，从而间接推动市场竞争环境的优化和公平性的提升。在 GDPR 规定下，数据携带权涵盖了广泛的内容，是一个广义概念，它赋予了个体向数据控制者主张访问和复制个人数据的权利（Right to Access），也包括将个人数据从原数据控制者迁移至其他数据控制者的权利（Right to Request Data Transmission）。行使数据携带权存在一定的前提条件，即数据本身必须符合"机器可读、普遍可用、结构化"的特定要求。相较于广义上的解释，狭义上的数据携带权可被理解为数据的"可携性"（Portability），具体是指个人在数据处理活动中要求数据控制者将数据传输至特定的新数据处理方（数据接收者）的权利。应当说，数据携带权体现了各国尝试建立一种以促进数据共享和利用为主要目的的通用控制机制，而并非授予数据主体对携带和移植数据类似的所有权的控制，应当被视为一种激励竞争和创新的工具。

近年来发生的多起数据纠纷案，表明数据携带权问题已成为中国关注的热点问题。① 《个人信息保护法》第 45 条明确规定了个人的信息查阅、复制以及迁移权，也在规则层面明确了个人对其个人信息和数据携带权的法律地位。在修订的不同阶段，《个人信息保护法》明确赋予了个体在数据处理过程中享有查阅和复制其个人信息的权利，随着审议进程推进到三审稿，进一步增加了狭义的数据携带权。从立法过程论的角度看，立法者在引入个人数据携带权时进行了慎重的权衡与考量。狭义数据携带权实施条件的灵活性和开放性规定等相关规范依然局限于授权性及开放性条款。立法者在《个人信息保护法》制定的最后阶段增加了个人数据携带权，凸显了中国立法对个人数据携带权的认可和重视。《个人信息保护法》在最终出台前"临门一脚"引入个人数据携带权，一方面是对数据主体的数据权利的确认，另一方面是强化数据主体对个人数据的控制权。这一举措的核心目的在于应对数据平台的垄断问题，促进数字市场的竞争与创新，同时为数据治理结构的优化提供有利条件，也给数据治理过程中多元利益的公平分配带来了新的挑战。但因该条文仅仅是原则性规定，个人数据携带

---

① 类似案例如腾讯诉抖音多闪不正当竞争案，天津市滨海新区人民法院（2019）津 0116 民初 2091 号民事裁定书；腾讯企业诉"群控"软件不正当竞争案，杭州互联网法院（2019）浙 8601 民初 1987 号民事判决书。

权在实践中的具体应用仍然存在诸多问题，如数据携带权客体类型、行使方式、应用场景等，都是尚待明确的问题。总之，个人数据携带权的制度落地和实际行使，还取决于未来对该项权利启动和行使的具体条件的设定。

中国的现行法律规定通常将个人数据表述为"个人信息""信息主体"，对应欧盟所表述的"数据主体"。个人数据与个人信息虽有细微差别，但在实践中常将二者交叉使用。《个人信息保护法》通过借鉴欧盟 GDPR 相关制度引入数据携带权。《个人信息保护法》第45条第3款针对个人信息安全做出原则性规定，明确规定个体有权要求将其个人信息进行转移，并要求个人信息处理者履行相应的协助义务，但是在性质上《个人信息保护法》更多属于宣示条款，并未对具体实施细节做出明确阐述。《个人信息保护法》对数据主体行使权利的前提条件以及数据处理者所需承担的责任进行了笼统的原则性阐述，在可携带数据的具体类型与界定、数据迁移潜在的风险评估以及技术实施的可能性等方面缺乏详细的规定。同时，它也未能充分考虑企业数据可携性的实际需求，导致在具体执行过程中面临诸多限制。GDPR 也存在类似问题，虽然GDPR 规定，数据主体有权要求服务商提供其在平台上的数据以便在其他服务商处继续使用，但由于缺乏有效的跨平台数据共享机制，这一权利的实际行使受到限制。为了推动市场的良性竞争和创新，欧盟《数字市场法案》第6条明确规定了平台作为"守门人"需履行提高数据互操作性并支持数据可携带性的责任。①"守门人"需授权商业用户或辅助服务提供方登录其平台，并保障服务平台上操作系统的多元服务以及软硬件设施间的有效兼容性运作。②在为终端用户或其他被授权主体提供数据的过程中，应当根据用户的特定需求，确保能够实现高效的数据可携带性。这一流程需要免费提供必要的工具，以便于数据的无缝迁移和实现后续的可访问性，保障数据的持续性与实时获取性。③对商业用户和终端用户在使用平台及商业用户产品时产生的数据，免费为第三方提供优质的聚合或非聚合数据服务，以确保商业用户和终端用户在使用平台和商业用户产品时能够实时、持续地访问和利用相关数据。该条款被认为在完善 GDPR 中数据携带权方面具有积极意义，将为数据携带权的重建提供新的视角，从而推动用户数据在不同平台之间的流动。

相较于 GDPR，第一，中国数据携带权的客体范围更加模糊。数据携带权中的个人信息所包含的内容并未清晰地将企业通过分析、加工、整合而得到的推断性数据及衍生数据排除在外。这种模糊性可能会引起个人信息与企业信息的混淆，从而对数据主体与控制者在权益分配层面的未来实践造成不利影响。第二，中国数据携带权缺乏技术规定。目前，中国的《个人信息保护法》并未明确定义数据主体行使权利的具体途径，缺乏对信息直接转移与间接转移的界定，亦未规定数据主体在行使数据携带权时的技术限制条件，没有对数据格式做出要求，这些都阻碍了数据和平台互操作性的实现。第三，中国没有清晰规定数据携带权与他人权利和自由之间的关系。第四，个人信息权权属界定仍存在争论。

三 数据携带权的性质与功能

（一）数据携带权的性质

通过 GDPR 的欧洲议会认为，数据携带权通常与对个人数据的控制联系在一起，这是《欧盟基本权利宪章》（简称《宪章》）第 8 条规定的数据保护基本权利的一部分，即数据携带权是数据保护的基本权利的一部分，但《宪章》第 8 条并没有明确提及数据携带权或数据控制，它仅包含关于个人数据保护的一般性规定。数据携带权不能视为《宪章》明确的数据可获得权的延伸。相较于应用更普遍的数据可获得权，数据携带权只适用于少数的情况。只有当数据主体向控制者提供数据时，它才能被激发，并且其适用前提是在过程中自动化，存在合意或合同的情况下。[①] 因此，数据携带权并非数据保护的基本权利。

有的学者认为，数据携带权与数据保护或数据所有权的产权进路非常相似，但实际上，数据携带权并不产生排他权，因此数据去所有权化已成为学术界共识，同时被国家决策和实践层面接受。"数据二十条"提出探讨研究数据产权的结构性分置制度，旨在形成一个以数据资源持有权、数据加工使用权以及数据产品经营权为核心的"三权分置"的数据产权制度体系。构建数据

---

① 朱真真：《数据可携权与知识产权的冲突与协调》，《科技与法律》（中英文）2022 年第 5 期。

"三权分置"的产权运作架构,主要从破解当前瓶颈的角度出发,意在通过增强数据加工使用权,确保数据产品经营的独立权属,从而为原始数据的安全流转、数据资源的深度开发与应用、数据产品交易的规范化以及数据要素价值的最大化提供制度性保障。数据携带权的主要目的是加强个人对数据的控制,并确保它们在数据生态系统中发挥积极作用。除了防止服务"锁定"之外,数据携带权的核心内容在于推动数据主体对数据控制者实施控制,进而促进创新,增加个人数据共享的机会。

(二)数据携带权的功能

个人数据携带权具有复杂的内涵,数据治理框架下,该权利作为一种规制工具,旨在协调数据保护、数字市场竞争以及技术创新的关系。在数据主体方面,数据携带权主要用于实现数据主体的"充权"。数据处理的过程体现了个人与大规模、组织化的数据处理者之间存在的权利结构失衡现象。个人信息保护立法的根本宗旨在于干预和规范个人数据处理活动,化解个人和数据处理者之间的矛盾,而非促使双方陷入力量悬殊的博弈。因此,个人信息保护立法的重要目标是修正现实中存在的权利不对称问题,以确保个人权益与数据处理者权益实现有效平衡。广义的数据携带权所包含的权能,特别是"数据迁移权",可降低个人对特定数据处理者的依赖度,赋予数据主体摆脱受特定数据处理者"锁定"及选择替代性服务的能力。[①] 用经济学的思路分析,也就是数据携带权可降低用户的"切换成本"(Switching Cost),防止用户被"锁定"于某个服务商,因而在一定程度上提高了用户的选择能力,增强了其对整个数字环境的信任。[②] 同时,数据携带权是数据主体将自身数据从一个服务提供商转移到另一个服务提供商、对数据进行充分再利用的权利,即数据主体以特定形式复制、迁移个人数据的权利,但这项权利并非数据查询权或访问权的逻辑延伸,两者的适用条件和功能存在较大差异。数据携带权专门运用于数字环境,保障数据主体可将"结构化的、普遍可用的和机器可读的"数据传输给

[①] European Data Protection Supervisor, "Opinion 3/2020 on the European Strategy for Data," 16 June 2020.

[②] Ursic H., "Unfolding the New-born Right to Data Portability: Four Gateways to Data Subject Control," *SCRIPTed* 15 (2018): 42.

另外的数据控制者。数据携带权并非通常的数据查询权或访问权，其范围限定在数据主体主动提供给数据控制者的具体数据上，而非数据主体涉及的所有数据。数据携带权也不是数据主体对其数据的所有权，不具有排他属性。因此，对于数据携带权的"控制属性"，应以数据生态系统的主体间关系为视角进行理解，其目标是强化个体对数据转移和再利用的管控能力，而非控制个人数据。数据携带权的意义在于推动数据主体积极参与并从数据的自由流通中获得利益，使其角色不仅是数据共享与再利用的参与者，也是这一过程的受益者。这种共享与再利用可减少数据使用者共享数据的成本，促进更高水平的数据共享，促进数据驱动的数字经济发展和社会福利增加。①

四　腾讯诉多闪用户数据归属案争议点的学理分析

对照《个人信息保护法》，腾讯诉多闪用户数据归属案涉及以下三个方面的问题。

第一，个人信息的处理和同意原则。个人信息的处理应当事先得到个人信息主体明示同意，并且处理者应当明确处理目的、方式和范围。案件中涉及微信/QQ头像、昵称等个人信息的使用，处理者是否在事先获得个人信息主体的明示同意是一个关键问题。

第二，权利保障问题。《个人信息保护法》强调个人信息主体的权利，包括查询、更正、删除等权利。案件中个人信息主体是否具备相应的权利，并且这些权利是否受到充分保障是关键。如果案件中的处理导致个人信息主体的权利受损，这可能成为推翻判决的一个理由。

第三，数据处理者的责任问题。个人信息处理者应当承担个人信息保护的法律责任，而监管机构有权对违反法律法规的行为进行处罚。如果个人信息处理者未能履行其保护责任，这种情况将与判决的依据相抵触。

对照欧盟GDPR，腾讯诉多闪用户数据归属案涉及以下四个方面的问题。

第一，数据主体同意的问题（第6条）。根据GDPR的第6条，"数据处理的合法性之一是数据主体已经同意对其个人数据进行处理"。案件中提到的

---

① 王锡锌：《个人信息可携权与数据治理的分配正义》，《环球法律评论》2021年第6期。

微信/QQ 授权登录的内容可能涉及数据主体同意数据处理的权限问题。如果数据主体同意对其微信/QQ 数据进行处理，那么这可能被认为是合法的。

第二，个人数据处理的目的（第 6 条）。GDPR 要求个人数据处理的目的必须在法律基础上进行确定，并且必须与收集数据时的初始目的相符。在该案件中，微信/QQ 的数据是否在其他应用产品（如多闪、抖音）中使用，以及是否与原始目的相符，可能是审查的重点。

第三，数据携带权（第 20 条）。GDPR 规定数据主体有权将个人数据从一方数据控制者传输至另一方数据控制者。在 GDPR 的框架下，个人数据可以包括直接标识信息（如姓名、电子邮件地址）和间接标识信息（通过与其他信息组合起来识别个人的信息）。微信/QQ 头像和昵称可能属于间接标识信息，因为单独看可能不足以识别一个人，但结合其他信息（微信/QQ 账号、其他社交媒体信息等）能够识别特定的自然人。

第四，处理者的责任（第 28 条）。案件中涉及腾讯作为数据处理者的情况。根据 GDPR 第 28 条，数据处理者应当采取适当的技术与组织措施，以确保数据主体的权利能够得到有效的保障。如果腾讯作为数据处理者未能履行其责任，可能会对案件产生影响。

多闪可以通过明确的同意原则、明示撤回同意权、权利保护和目的限制、透明度和合规性等来影响之前的判决。一是明确的同意原则：在"三重授权"的情况下，涉及共享和使用个人数据的各方应当明确数据的用途、范围以及受益方，并获得数据主体的明确同意。在案件中，申请人是否事先获得微信/QQ 用户的明确同意，允许其在多闪产品中使用其个人数据，是一个关键问题。可通过案件中是否存在未经充分同意的数据使用情况，评估是否违反了"三重授权"的原则。二是明示撤回同意权：根据"三重授权"的原则，数据主体应当有权随时撤回其同意。在这个案件中，申请人是否提供了充分的机制，使数据主体能够轻松地撤回其同意，以及申请人是否在数据主体表达同意之前告知了撤回同意的权利是关键。三是权利保护和目的限制：从"三重授权"的角度，共享和使用个人数据的各方应当保障数据主体的权利，同时遵循对数据目的的限制。案件中涉及的个人数据是否被合法使用，使用是否超出事先明示的目的范围是关键。四是透明度和合规性：数据的共享和使用应当透明，确保数据主体能够清楚了解数据的去向和用途。被申请人是否在使用个人数据时提供了足够的信息，使数据主体能够明白其数据被用于何种目的是关键。

五 数据携带权成为中国数据治理的重大博弈点

数据携带权当前的困境：①欧盟委员会未对涉及数据携带权问题的企业实施任何形式的惩罚或制裁措施；中国也尚未有相关判例；②行使数据携带权的相关基础设施建设不足；③《数字市场法案》明确了"守门人"强制义务，但对中小企业而言合规成本过高；④《个人信息保护法》和《网络数据安全管理条例》整体立法向个人信息主体保护倾斜，但总体上，数据主体缺乏数据携带权行使意识，矛盾集中在数据处理者之间。

无论是GDPR还是《个人信息保护法》，其对个人数据/个人信息携带权的规定，并非为了加强数据主体对数据的绝对支配，而是为了通过确保个人对数据的控制和转移，实现数据自由和管制的平衡，即数据主体、企业、第三人之间的利益平衡。数据携带权仅仅是立法上解决该问题的开端。未来解决该问题的核心在于，平衡数据主体和数据处理者之间的权益、平衡数据主体与第三人之间的权益、平衡数据处理者之间的权益。

在中国发生的多起企业间数据争夺案中屡屡出现数据可携带价值理念和数据流通规则方面的冲突，数据携带权成为数据司法乃至整个数据法治必须回答的时代之问。数据携带权既是平台与公众之间利益博弈平衡的关键，也是政府对数据平台治理力度考量时决策的关键，更是一系列制度落地时"颗粒度"以及与国际制度对标的新规则的参照。腾讯诉多闪用户数据归属案的判决结果，将直接影响甚至决定未来《个人信息保护法》真正的规范执行效用与数据市场影响力价值。

（一）数据携带权与企业数据"三重授权"原则的法理逻辑亟待廓清

在《个人信息保护法》颁布实施之前现行法律法规对企业数据的权利界定尚不完善的情况下，为了保障数据持有企业的合法权益，中国司法机关在新浪微博诉脉脉案中提出企业数据获取的"三重授权"原则，旨在实现数据持有企业、数据获取企业与数据主体之间利益的合理分配和平衡。该原则是中国司法机关处理企业数据争夺案件的一项重要司法创造，根据当前国内司法实践的情况来看，数据的保护对象主要包括那些"享有竞争利益"、能够为企业带来市场竞争优势的信息和资源。尽管目前中国法律体系中还没有明确定义数据的范畴，但在实践中倾向于维护数据持有企业基于其现有数据所享有的先前数据权益。分析数据携带权与企业获取数据所遵循的"三重授权"原则的关系，可以发现两者在保护数据主体方面可能存在一定程度的交集和潜在的重叠效应。这种重叠效应可能会造成宏观层面的数据市场竞争治理理念与微观层面的数据流通规范之间的共时性冲突。《个人信息保护法》对数据携带权进行了明确界定，并要求在相应领域贯彻实施，因此厘清这一权利与其他相关法律之间的法理逻辑，并探寻适当的调整方案，已成为中国在个人信息保护立法及司法实践中亟须解决的关键问题。

（二）数据携带权与企业数据"三重授权"原则的冲突带来司法挑战

在考虑数据主体的自主决策权时，由于数据主体、数据持有企业和数据获取企业之间存在的市场地位差异以及技术上的偏向性，数据主体对其数据的自决权可能已经丧失。为了实现各利益相关方权益的公平分配和平衡，需要进行合理的制度设计。数据携带权是强化数据自治的基本权利工具，通过维护个人数据获取权、转移权和转移请求权，从以数据控制者为中心转换为以数据主体为中心。企业数据"三重授权"原则充分肯定了数据持有企业的数据权益，企业获取并持有的用户个人数据，可以被视为企业的核心商业资产或经营资源，企业对其持有的用户个人数据享有竞争权益。该原则试图构建以数据自治为中心的数据安全保护体系，同时赋予数据持有企业数据安全保障的责任，帮助数据主体有效保护个人隐私和信息。

数据携带权是一项关键的个人数据权利，赋予数据主体数据管理和处理方面的控制权。"三重授权"原则作为维护数据市场竞争秩序的司法规则在实践中逐渐形成并发展起来；而数据携带权则是以数字人权理念为指导的一项数据权益保护机制，其核心目的是实现对个人数据的自主控制与管理。在数据携带权的概念中，其核心要素在于实现个人数据自治；而"三重授权"原则则是从企业的视角出发，旨在保护其在数据市场竞争中的关键权益。数据携带权与企业数据获取过程中应遵循的"三重授权"原则在数据流通方面展现出明显的限制性差异，这一现象给司法审判在相关案件处理上带来了众多难题。腾讯与多闪等公司之间的数据争议诉讼案例揭示了数据携带权与"三重授权"原则之间的矛盾。这一现象反映出个人、数据持有企业与数据获取企业之间的权益冲突。

在企业数据权益争夺中，从数据携带权视角，数据主体注重数据的自由流通价值和数据安全价值。数据持有企业的本位价值目标是其合法的数据权益保护，如果不对大型数据持有企业和中小数据持有企业区别对待，会造成中小数据持有企业数据采集、制作和转移成本过高，阻碍数据产业发展，给数据法治的公平性带来挑战。另外，数据持有企业通过对原始数据进行深度挖掘、整合与再创造所产生的衍生数据，并不在个人数据的范畴之内。因此，法律应该保护数据持有企业在这些衍生数据上的合法权利，确保数据持有企业对这些数据享有合理的支配和控制权益。"三重授权"原则强调了数据持有企业应当拥有数据获取企业获取个人数据的决定权。然而，这一原则仅适用于个人数据，而不包括衍生数据，这引发了对该原则合理性的质疑。数据获取企业的核心价值体现在数据的可获得性上，其主要关注点在于实施适宜的定价策略，以有效降低数据市场的进入壁垒，从而争取在竞争激烈的数据市场中获得参与的机会。因此，亟须明确数据携带权、"三重授权"原则的内涵与边界，化解冲突，实现个人数据权益、数据持有企业的数据权益、数据市场竞争秩序保护三者之间的纳什均衡。

（三）数据携带权制度构建需与企业数据"三重授权"原则双向调适

尽管数据携带权是数据主体自由处置个人数据的权利，但该权利并不是个人数据所有权。对数据携带权实施绝对的法律保护，可能会降低数据产业投入力度和创新积极性，甚至会导致尚处于发展初期的数据产业发展停滞和数据要素化的失败。设立数据携带权的目的是消解"数据孤岛"，促进处于垄断地位的大型数据平台解除数据垄断，鼓励其进行数据共享。在鼓励数据共享的基础上，也需要谨慎探讨数据携带权给数据持有企业和数据产业带来的不利影响，并据此予以适当约束。

《个人信息保护法》第21条明确规定了数据持有企业对"受托人的个人信息处理活动进行监督"的重要法律义务。司法实践清晰界定了企业数据获取所需遵循的"三重授权"原则。该原则的主要目标在于保障数据持有企业在数据获取方面拥有决定性授权,从而加强对其在数据获取环节的竞争权益保护。同时,该原则将数据持有企业定义为数据安全的"守门人",旨在保护用户合法权益。但在商业运作中,保障用户个人数据安全往往被用作合理化不正当的数据竞争策略的旗号。腾讯诉多闪用户数据归属案中诉讼双方的诉求也是如此。在数据流通中,依赖企业对用户数据安全进行监管和保护的做法并不可行。数据持有企业不可能不顾自身商业利益去维护用户权益。将个人数据安全视为企业的社会责任且过分强调其绝对性不仅不切实际,而且可能会对消费者甚至整个社会的福利造成不利影响。

在企业数据权益争夺案件中,涉及数据主体、数据持有企业及数据获取企业的保护时,司法机关并不能采取统一的处理方式。某些情况下,需重点关注数据主体所拥有的数据流通价值,而在其他情境下,则需强调对数据持有企业合法权益的保护,但无论如何,数据法治的基础与核心都在于数据安全价值,这一事实是不可动摇的。如果未能守住数据安全这一基本价值底线,将会使整个数据产业和数据法治体系陷入崩溃的风险之中。但应当明确的是,在当前海量数据的时代背景下,数据安全并不是一种绝对安全,如果坚持绝对的数据安全观,则可能阻碍大数据技术和数据产业的发展。在大数据时代,应更灵活地看待数据安全问题,采取适应性原则,即"相对安全"与"动态安全"的观点。在推动数据要素化及产业化发展的过程中,须以这一观点为前提,认真分析与应对数据安全挑战,确保数据安全的法律保障融入数据的采集、存储、处理及迁移等各个动态环节,从数据的全生命周期安全的视角,双向调适数据携带权和企业数据"三重授权"原则,科学设计和完善数据安全法律制度。

六 推进完善数据携带权制度的对策建议

与数据携带权的立法与司法实践相似,"三重授权"原则作为企业获取数据的基石同样面临来自理论与实践层面的挑战。这些挑战表明对"三重授权"原则一刀切的、缺乏弹性的僵化应用可能会阻碍数据法治的建设和数据产业的发展。在探讨数据携带权与数据持有企业合法权益的过程中,不仅需要考虑个人用户的隐私保护需求,还需关注相关数据持有企业在数据处理过程中可能存在的法律风险及其正当权益。在探讨数据携带权与数据持有企业合法权益的过程中，个人用户的隐私保护需求与企业合法权益均涉及数据主体和数据持有企业的私权利和公共利益。腾讯诉多闪用户数据归属案的经验总结再次提醒我们，亟须从保障数据安全以及推动数据资源化的实际要求出发，寻求解决之道以平衡两者关系并促成数据携带权制度的有效构建。

（一）明确和界定数据携带权的适用领域和场景

《个人信息保护法》虽已规定数据携带权，但法律条文只是一个授权性的、开放性的条款，仅在权利行使的条件和权利行使者（个人信息处理者）的责任方面作了笼统规定，具体实施的规范还需进一步细化。《个人信息保护法》第45条第3款规定，但凡"符合国家网信部门规定条件的"，均可实现个人信息和数据的转移。从这一规定看，数据携带权在中国被视为一种具有普遍效力的基本权利。但实际上，数据携带权的影响是有限的，如果不对数据携带权的适用领域和场景加以明确，可能会增加盗用或非法使用他人数据的风险。数据携带权既可以促进竞争、加速数据利用，也可能对竞争产生不利影响，带来竞争的"锁定效应"。

因此，应当明确数据携带权的适用领域和场景，在不同的场景中赋予个体不同类型和程度的数据携带权。具体而言，其一，对于企业数据中所包含的个人数据，只要个人用户提出转移数据的要求，企业应当履行相应的义务，使个人用户能够对其个人数据进行下载和转移；而在所涉及的数据与企业的知识产权、商业秘密等相关时，对于数据携带权的行使应当持审慎态度。如果数据携带权的行使有利于刺激竞争，并加速数据利用，企业和平台应当努力履行其相应的义务。其二，对政府所收集的公共数据应当进行豁免，避免出现数据携带权行使中的"搭便车"行为，即利用数据携带权创建一个针对公共数据的、本来不存在的、变相的可获得权，这样反而会恶化市场竞争，甚至可能加剧数据垄断行为。因此，应当借鉴欧盟GDPR的规定，在数据处理是"为公共利益执行任务或行使授予的控制者的职务权限所必需的"情形下，不适用数据携带权。对于学者所担忧的数据共享和便民化服务的欠缺，可以通过增强不同政府部门与事业单位之间的互操作性提高公共部门的数据共享能力。

数据携带权的应用，实际上取决于对其启动与执行所需具体条件的确切界定，即在落实数据携带权的过程中，不应"一刀切"式的"全有或者全无"，而是需要全面考量行业领域、数据市场竞争格局以及数据安全防护能力的现实状况等多个复杂要素。为了实现个人数据的有效利用和保护，应重点推动数据携带权在鼓励市场竞争和创新的环境中优先落实，并选择具备较强数据安全保障能力的平台作为试点。考虑到中国的具体国情，首先应在电子商务、医疗和金融等行业内推进数据携带权，可以通过制定相关行业的数据监管规章与自律标准，确保该权利的有效落实。

（二）严格限定数据携带权的适用对象

《个人信息保护法》第45条第3款将数据携带权的适用对象即客体界定为个人信息。而第4条规定"个人信息是以电子或者其他方式记录的与已识别或者可识别的自然人有关的各种信息，不包括匿名化处理后的信息"。从该条文的规定来看，立法者倾向于以是否具有可识别性作为个人信息的判断标准，但这一判断标准实际上仍然不够明确。具有可识别性的个人数据可细分为个人主动提供的数据、观测数据和衍生数据（也称"派生数据"）。在个人与技术互动的过程中，产生了不同的数据：个人主动提供的数据是指数据主体主动提供或主动公开的数据；观测数据是指利用数据提供者所提供的设备或服务，被动接收或监测到的信息；衍生数据是指企业通过分析所获得的数据。

由于衍生数据是企业利用算法等大数据技术对数据进行处理之后的结果，其中往往牵涉企业的知识产权和商业秘密，为了在数据携带权与数据控制者的知识产权之间实现平衡，衍生数据不宜被界定为数据携带权的客体。此外，将衍生数据排除在数据携带权的客体之外，能够增强数据携带权的可操作性，进一步释放数据的资产价值。

为了推动数据要素化和数字经济发展，借鉴欧盟对GDPR的解释，个人数据范畴仅限于数据主体自行提供的数据和所谓的"观测数据"，衍生数据并不适用数据携带权规则，必须明确排除。未经相关数据主体单独授权，数据获取企业不得凭借数据主体数据携带权获取与数据主体相关的用户个人数据。

（三）对数据持有企业的正当权益实施法律保护

在2021年中国知识产权发展状况新闻发布会上，国家知识产权局局长申长雨强调了对数据控制者合法权益的重视与保护的重要性。在中国现有的法律法规框架内，尚未就数据持有企业通过劳动投入获取的个人数据的所有权归属作出具体规定，这使得当此类数据被不当获取、利用时，相关权益受损的数据控制者难以有效寻求法律保护。此类数据并不属于衍生数据范畴，按照数据携带权的要求，只要获得数据主体授权，数据持有企业即可合法获得相应数据。在这种情况下司法机关面临一个复杂难解的问题，即如何合理保护数据持有企业的合法权益。随着中国数据携带权的落地推进，对数据持有企业的权益保护也应当得到重视和实践。在处理涉及直接竞争关系的数据企业时，可以考虑借鉴美国的司法实践中所提出的数据"盗用理论"，并将之视为加强司法保护的重要准则。在此理论基础上，可构建一套制约体系以约束数据携带权的使用，避免权利的绝对化，从而维护数据持有企业对其在获取个人数据过程中投入劳动的数据资源的合法权益。

（四）引入"原位"数据权作为数据携带权的有益补充

数据携带权与"三重授权"原则之间的核心差异在于前者侧重于数据的自由流动，而后者则强调数据持有企业对数据流通的限制，两者之间的矛盾显而易见。在落实数据携带权的实践中，数据持有企业的运营成本将不可避免地增加。对大型互联网企业来说，可以通过拓展多元化的数据应用服务来实现成本的平衡；但对于中小数据持有企业而言，这是一项需审慎考量的额外运营开支。就《个人信息保护法》中有关数据携带权的条款而言，其对数据的商业价值的考量存在一定程度的缺失。为了解决这一问题并减轻中小数据持有企业的运营成本负担，本报告提议引入欧美学者提出的"原位"数据权。数据主体在其数据所在场所对其个人信息的使用和支配的权利构成了"原位"数据权。这种权利允许数据主体在不转移数据的情况下，通过授权第三方数据处理者进行数据处理操作，例如利用算法导入"原位"数据并分析信息而无须转移数据。作为授权方的数据主体可以随时撤销这一授权，以确保对自身信息的控制。这种做法不仅有效降低了中小数据持有企业的运营成本，也有助于降低数据转移所带来的安全风险。因此，建议在制定《个人信息保护法》实施细则或在行业数据监管办法中明确保留"原位"数据权。

附录：国家/国际组织与数据携带权相关的法律条款

国家/国际组织	生效年份	法案名	条款	内容或意义
中国	2021	《个人信息保护法》	第45条	个人有权向个人信息处理者查阅、复制其个人信息;有本法第十八条第一款、第三十五条规定情形的除外 个人请求查阅、复制其个人信息的,个人信息处理者应当及时提供 个人请求将个人信息转移至其指定的个人信息处理者,符合国家网信部门规定条件的,个人信息处理者应当提供转移的途径
欧盟	2018	《一般数据保护条例》(GDPR)	第20条	数据主体有权以结构化、通用和机器可读的格式接收其向控制者提供的与其有关的个人数据,并有权在不受向其提供个人数据的控制者阻碍的情况下将这些数据传送给另一控制者 处理是建立在第6条(1)中(a)点或第9条(2)中(a)点所规定的同意,或者所规定的合同的基础上的;处理是通过自动化方式实现的 在根据第1款行使其数据携带权时,数据主体应有权在技术可行的情况下将个人数据从一个控制者直接传送至另一个控制者 本条第1款所述权利的行使不得妨碍第17条的规定。该权利不适用于为公共利益执行任务或行使授予的控制者的职权所必需的处理 第1款所述权利不得对他人的权利和自由造成不利影响
	2022	《数据治理法案》(DGA)	第9~11条	数据中介服务提供者的一个特定类别是向2016/679号条例所指的数据主体提供服务的服务提供商。此类服务提供商旨在加强个人代理,尤其是个人对与其相关数据的控制。它们将协助个人行使2016/679号条例规定的权利,特别是给予和撤回对数据处理的同意权、访问自己数据的权利、纠正不准确个人数据的权利、删除或"被遗忘"的权利、限制处理的权利以及数据携带权(允许数据主体将其个人数据从一个控制者转移到另一个控制者) 数据中介服务包括向数据持有者或数据主体提供额外的特定工具和服务,用于特定目的,如临时存储、整理、转换、匿名化、假名化。这些工具和服务只能在数据持有者或数据主体明确要求或批准的情况下使用,在此情况下提供的第三方工具不得将数据用于其他目的

国家/国际组织	生效年份	法案名	条款	内容或意义
欧盟	2024	《数据法案》	第5条	应用户或代表用户行事的一方的要求,数据持有者应在不无故拖延的情况下,免费向第三方提供因使用产品或相关服务而产生的数据,数据的质量应与数据持有者所提供的数据相同,并在适用的情况下,持续、实时地提供给第三方数据持有者和第三方未能就传输数据的安排达成一致,不得妨碍、阻止或干涉数据主体行使2016/679号条例规定的权利,尤其是该条例第20条规定的数据携带权
美国	2020	《2018年加州消费者隐私法案》(CCPA)	—	该法律赋予加州人对符合特定门槛的企业收集或维护的个人信息的多项权利。这些权利包括了解企业持有哪些消费者个人信息以及企业是否向第三方出售或披露个人信息的权利;让企业删除个人信息的权利;选择不让企业出售个人信息的权利;针对数据泄露的私人诉讼权,但须符合特定要求。企业必须告知消费者这些权利,并禁止因消费者行使这些权利而歧视消费者
	2023	《加州隐私权法案》(CPRA)	—	添加了消费者有权更正不准确的个人信息 (a)考虑到个人信息的性质和处理个人信息的目的,消费者有权要求保存不准确个人信息的企业更正不准确的个人信息 (b)收集消费者个人信息的企业应根据第1798.130节披露消费者要求更正不准确个人信息的权利 (c)企业如收到可核实的消费者要求更正不准确个人信息的请求,应根据第1798.130节和第1798.185节(a)小节第8段,按照消费者的指示更正不准确的个人信息

续表

国家/国际组织	生效年份	法案名	条款	内容或意义
加拿大	—	《消费者隐私保护法》(CPPA)	—	增强加拿大人的控制权和同意权 各机构必须以通俗易懂的语言向你提供有关处理个人信息的信息,并允许你做出有意义的同意 数据移动性将使你更好地控制自己的数据,让你能够将你的信息从一个组织安全地转移到另一个组织 处置权将允许你在撤销同意或机构不再需要处理你的信息时要求删除你的信息 新规则将要求使用自动化系统,如人工智能,为加拿大人提高决策和预测的透明度
巴西	2020	《通用数据保护法》(LGPD)	第18条	对于控制者正在处理的数据,数据主体有权随时通过请求方式从控制者处获得以下内容 (1)确认处理的存在 (2)查阅数据 (3)更正不完整、不准确或过时的数据 (4)匿名、阻止或删除不必要的或过多的数据,或在不符合本法律规定的情况下处理的数据 (5)根据控制机构的规定,在遵守商业和工业机密的前提下,通过明确请求将数据转另一家服务或产品提供商;根据国家相关部门的规定,在遵守商业和工业机密的前提下,通过明确请求将数据转给另一家服务或产品提供商(第13853/2019号法律规定的新措辞) (6)删除经数据主体同意处理的个人数据,本法第16条规定的情况除外 (7)获取控制者与之共享数据的公共和私营实体的信息 (8)获取拒绝同意的可能性及其后果的信息 (9)本法第8条第5款规定的撤销同意
肯尼亚	2019	《数据保护法案》	第34条	(1)数据主体有权以结构化、常用和机器可读的格式接收数据主体提供给数据控制器或数据处理器的与其有关的个人数据 (2)数据主体有权不受阻碍地根据第(1)款取得的数据传送给另一数据控制器 (3)在技术上可行的情况下,数据主体有权将个人数据从一个数据控制器或处理器直接传送至另一个数据控制器或处理器

参考文献

蔡培如：《个人信息可携带权的规范释义及制度建构》，《交大法学》2023年第2期。

蔡培如：《欧盟法上的个人数据受保护权研究——兼议对我国个人信息权利构建的启示》，《法学家》2021年第5期。

程雪军、侯姝琦：《互联网平台数据垄断的规制困境与治理机制》，《电子政务》2023年第3期。

丁晓东：《论数据携带权的属性、影响与中国应用》，《法商研究》2020年第1期。

付新华：《数据可携的双重路径探析——以个人数据保护法与竞争法为核心》，《河南大学学报》（社会科学版）2019年第5期。

何格非：《欧盟数据可携带权落地路向的反思与启示》，《法制博览》2023年第19期。

金耀：《数据可携权的法律构造与本土构建》，《法律科学》（西北政法大学学报）2021年第4期。

李伯轩：《数据携带权的反垄断效用：机理、反思与策略》，《社会科学》2021年第12期。

李婕：《个人信息可携带权的权利属性及实现路径》，《东北师大学报》（哲学社会科学版）2023年第1期。

李蕾：《数据可携带权：结构、归类与属性》，《中国科技论坛》2018年第6期。

李希梁：《互联网平台数据治理的理论意蕴与实现路径》，《重庆大学学报》（社会科学版）。

刘辉：《个人数据携带权与企业数据获取"三重授权原则"的冲突与调适》，《政治与法律》2022年第7期。

刘妍、陈天雨、陈烨等：《互联网平台数据垄断主要表现及治理路径》，《情报理论与实践》2023年第11期。

尚海涛：《论我国数据可携权的和缓化路径》，《科技与法律》2020年第1期。

汤霞：《数据携带权的适用困局、纾解之道及本土建构》，《行政法学研究》2023年第1期。

田小军、曹建峰、朱开鑫：《企业间数据竞争规则研究》，《竞争政策研究》2019年第4期。

汪庆华：《数据可携带权的权利结构、法律效果与中国化》，《中国法律评论》2021年第3期。

谢琳、曾俊森：《数据可携权之审视》，《电子知识产权》2019年第1期。

谢蔚、李文静：《比例原则视角下数据可携权之适用路径》，《湖南大学学报》（社会科学版）2022 年第 1 期。

邢会强：《论数据可携权在我国的引入——以开放银行为视角》，《政法论丛》2020 年第
2 期。

杨立新、陈小江：《衍生数据是数据专有权的客体》，《中国社会科学报》2016 年 7 月
13 日。

仲春、王政宇：《竞争法视野下的数据携带权及践行构思》，《电子知识产权》2021 年第
5 期。

卓力雄：《数据携带权：基本概念，问题与中国应对》，《行政法学研究》2019 年第
6 期。

Binotto A., and P. P. Ponce, "Data Portability: Lessons from Other Sectoral Experiences,"
Revista De Economia Contemporânea 26（2022）：e212621.

De Hert P., V. Papakonstantinou, G. Malgieri, et al., "The Right to Data Portability in the
GDPR: Towards User-centric Interoperability of Digital Services," *Computer Law &
Security Review* 34（2018）：193–203.

He Q., "Refresh the Reasonable Expectation: The Key to the Modern Privacy Rules," *Journal
of Internet Law* 26（2023）：1–12.

Ishii K., "Discussions on the Right to Data Portability from Legal Perspectives," In D. Kreps,
C. Ess, L. Leenen, and K. Kimppa, eds., *This Changes Everything—ICT and Climate
Change: What Can We Do?* HCC13 2018, IFIP Advances in Information and
Communication Technology（Poznan, 2018）.

Kuebler-Wachendorff S., R. Luzsa, J. Kranz, et al., "The Right to Data Portability:
Conception, Status Quo, and Future Directions," *Informatik Spektrum* 44（2021）：
264–272.

Li W., "A Tale of Two Rights: Exploring the Potential Conflict between Right to Data Portability
and Right to Be Forgotten under the General Data Protection Regulation," *International
Data Privacy Law* 8（2018）：309–317.

Nakashima M., "Comparison of Legal Systems for Data Portability in the EU, the US and Japan
and the Direction of Legislation in Japan," In D. Kreps, R. Davison, T. Komukai, K.
Ishii, eds., *Human Choice and Digital by Default: Autonomy vs Digital Determination*
（Berlin, Mass: Springer International Publishing, 2022）.

Nebbiai M., "Intermediaries Do Matter: Voluntary Standards and the Right to Data Portability,"
Internet Policy Review 11（2022）：1–28.

Quinn P., "Is the GDPR and Its Right to Data Portability a Major Enabler of Citizen Science?"
Global Jurist 18（2018）：81–97.

Ramos E. F., and K. Blind, "Data Portability Effects on Data-driven Innovation of Online
Platforms: Analyzing Spotify," *Telecommunications Policy* 44（2020）：102026.

Rubinfeld D., "Data Portability and Interoperability: An E. U. -U. S. Comparison," *European Journal of Law and Economics* 57 (2023): 163-179.

Turner S., J. G. Quintero, S. Turner, et al., "The Exercisability of the Right to Data Portability in the Emerging Internet of Things (IoT) Environment," *New Media & Society* 23 (2021): 2861-2881.

Urquhart L., N. Sailaja, and D. McAuley, "Realising the Right to Data Portability for the Domestic Internet of Things," *Personal and Ubiquitous Computing* 22 (2018): 317-332.

Vanberg A. D., "The Right to Data Portability in the GDPR: What Lessons Can Be Learned from the EU Experience?" *Journal of Internet Law* 21 (2018): 1-19.

Van der Auwermeulen B., "How to Attribute the Right to Data Portability in Europe: A Comparative Analysis of Legislations," *Computer Law & Security Review* 33 (2017): 57-72.

Wolters P. T. J., "The Control by and Rights of the Data Subject under the GDPR," *Journal of Internet Law* 22 (2018): 1-18.

Wong J., and T. Henderson, "The Right to Data Portability in Practice: Exploring the Implications of the Technologically Neutral GDPR," *International Data Privacy Law* 9 (2019): 173-191.

Zanfir G., "The Right to Data Portability in the Context of the EU Data Protection Reform," *International Data Privacy Law* 2 (2012): 149-162.

B.4

2023~2024年数据权益保护研究报告

官家辉　戴敏敏*

摘　要： 中国互联网司法实践积极回应时代需求，不断探索数据权益保护的新路径。数据权益纠纷案件案涉地域相对集中、案由分布集中、数据权益方胜诉率高、标的额较大，且多涉及新兴领域，救济路径有所差异。目前对于数据权益纠纷而言，主要通过以《中华人民共和国著作权法》为核心的法益保护模式、以《中华人民共和国反不正当竞争法》为核心的行为规制模式进行处理，在司法实践中存在数据权益保护内容难以确定、现有法律规定保护范围受限等问题。杭州互联网法院始终聚焦数据产权、流通交易、收益分配、安全治理等重点领域，制定和输出具有示范意义的裁判规则，为数据权益保护提供坚实的法律保障。

关键词： 数据　互联网司法　数据权益保护　数据裁判规则

一　数据权益保护的司法大数据分析

在威科先行·法律信息库中，搜索范围选定"本院认为"部分，在同句检索模式中输入关键词"数据""权益"，并输入逻辑关系为"或包含"的关键词"竞争性利益""竞争优势""交易机会""商业秘密""商业价值""汇编作品"，案由选择"著作权权属、确权纠纷"和"不正当竞争纠纷"，结案日期截至2024年4月1日，检索得到裁判文书78份，经人工筛选除去与数据权益无关的5份文书，剩余文书涉及案件51件，案情均与数据权益保护高度相关，故以此为样本进行数据分析。

---

* 官家辉，杭州互联网法院（杭州铁路运输法院）副院长，主要研究方向为数字法治、互联网司法；戴敏敏，杭州互联网法院（杭州铁路运输法院）互联网审判第二庭法官助理，主要研究方向为知识产权法、互联网司法。

从案涉地域情况来看，相关案件主要分布于经济发达的省份，其中北京、上海、浙江案件数位居前三，分别为22件、14件、9件，案涉地域相对集中；从案由分布来看，48件案件的案由中包含"不正当竞争纠纷"，10件案件为复合案由，案由分布集中；从裁判结果来看，其中50件案件的裁判文书均支持数据权益方诉请，数据权益方胜诉比例高达98.04%，胜诉率高；从案涉标的额来看，100万元以上的案件占74.5%，其中半数以上案件标的额为100万~500万元，标的额较大。案件判决情况和案涉标的额区间分布情况分别见图1和图2。

结合以上司法数据及51件案件的具体情况，对数据权益纠纷案件主要特点总结如下。

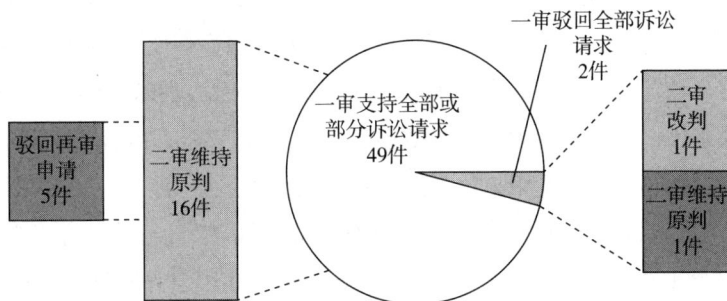

图1 案件判决情况

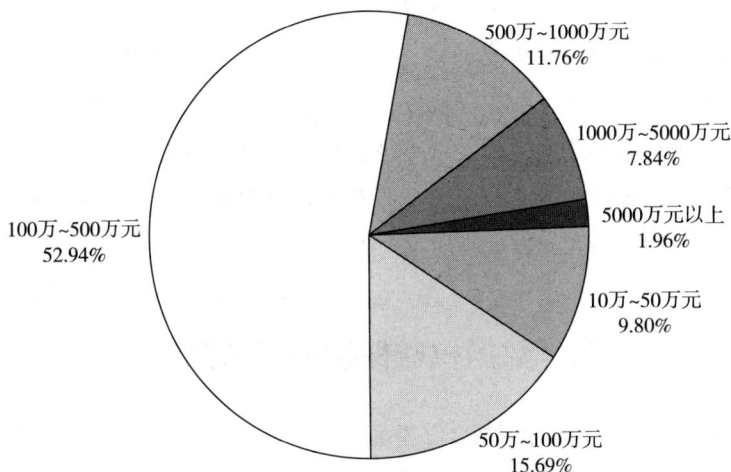

图2 案涉标的额区间分布情况

第一，案涉地域相对集中，反映数字经济发展进程。北京、上海、浙江等地互联网行业起步较早，聚集了大量互联网企业，在数据的收集、处理方面发展较快，形成了丰富的数据资源。与此同时，这些地域在数据领域的创新意识较强，催生了数据领域的新技术、新业态、新模式、新产业，易引发数据权益纠纷。从司法实践来看，案涉地域相对集中有利于形成较为统一的司法裁量标准，并给予行业发展较为稳定的合规预期。

第二，案件多涉及新兴领域，体现司法指引的迫切性。相关案件涵盖社交平台、电商平台、短视频 App 等，案涉主体多为知名互联网公司，其数据权益纠纷往往涉及巨大的经济利益和市场份额。因此，在配套制度规定尚待完善的背景下，司法裁判的示范引领作用更为突出，不仅关乎相关行业的健康发展，在保护个人隐私、建立数据竞争规则及促进数据有序流通等方面也具有积极而深远的影响。

第三，救济路径有所差异，折射数据案件复杂性。在数字经济发展进程中，市场主体创新能力持续提升，数据产业培育经济发展新动能，但同时出现了数字鸿沟、算法歧视、个人信息及数据安全受到威胁等问题，以致引发大量数据权益纠纷。数据权益方主要以《中华人民共和国反不正当竞争法》（以下简称"《反不正当竞争法》"）和《中华人民共和国著作权法》（以下简称"《著作权法》"）两种路径寻求权益救济。而在不确定其数据内容究竟享有何种权益的情况下，20%左右的原告选择以"著作权+不正当竞争"的复合案由向法院提起诉讼，由法院决定适用何种法律对被诉侵权行为予以规制。

第四，数据权益方胜诉率较高，展现数据权益保护有力。在检索到的 51件数据权益纠纷案件中，数据权益方胜诉率较高，展现了司法对数据权益保护的力度。数据权益纠纷案件的妥善审理，有效促进了数据相关产业创新发展，进一步推动了数据资源的有效利用，形成了"在规范中发展，在发展中规范"的良性互动，助力培育和发展新质生产力。

二 数据权益保护的司法热点

（一）数据权益保护的路径选择

如前所述，目前对于数据权益纠纷案件的处理而言，主要通过以《著作权法》为核心的法益保护模式、以《反不正当竞争法》为核心的行为规制模式进行。两种模式相互补充，共同构成了当前数据权益保护的主要救济路径。

1.《著作权法》保护路径

根据数据的来源，可将数据分为原始数据和衍生数据。有学者认为，数据中的衍生数据作为智力成果，具备知识产权的特性，应将其权利定性为新型的"知识产权"。[①] 但现行的《著作权法》未将任何种类的数据纳入法定作品类型，与数据集合最为相近的作品类型是汇编作品，采用汇编作品对数据库进行保护是《著作权法》保护路径中的主流做法。

根据《著作权法》第十五条规定，汇编若干作品、作品的片段或者不构成作品的数据或者其他材料，对其内容的选择或者编排体现独创性的作品，为汇编作品。数据及数据权益能否受《著作权法》保护，难点在于判断数据内容是否符合独创性要件。在"大众点评网诉爱帮网案"[②] 中，二审法院认为大众点评网对于网友点评信息系按照时间顺序排列，排列方式并不具有独创性，法院未支持大众点评网关于其整理的数据可以构成汇编作品的观点。而在"IF影响因子数据库著作权侵权纠纷案"[③] 中，法院认为案涉数据库对各项评价指标的选择、编排和数据库中期刊的选择均具有独创性，构成汇编作品。

2.《反不正当竞争法》保护路径

除《著作权法》保护路径外，数据权益保护更多是围绕《反不正当竞争法》相关条款展开。具体而言，从商业秘密保护这一具体条款，到互联网专条中的兜底条款，再到《反不正当竞争法》的一般条款，司法实践在解决数据权益纠纷方面形成了一套具有一定适用次序的法律规制体系。

（1）商业秘密保护条款

《反不正当竞争法》第九条第四款规定，商业秘密是指不为公众所知悉、具有商业价值并经权利人采取相应保密措施的技术信息、经营信息等商业信息。《最高人民法院关于审理侵犯商业秘密民事案件适用法律若干问题的规定》第一条规定，与技术有关的数据、与经营活动有关的数据可以分别构成

[①] 杨立新主编《中华人民共和国民法典释义与案例评注·总则编》，中国法制出版社，2020，第333页。

[②] 参见北京市第一中级人民法院（2011）一中民终字第7512号民事判决书。

[③] 参见上海知识产权法院（2020）沪73民终531号民事判决书。

《反不正当竞争法》第九条第四款所称的技术信息和经营信息。在商业秘密保护路径中，原告在证明对应数据符合秘密性、保密性和商业价值等构成要件的前提下，才能获得商业秘密条款的保护，这一认定模式与权利保护路径的认定模式相似。

（2）互联网专条兜底条款

《反不正当竞争法》第十二条规定，经营者不得利用技术手段，通过影响用户选择或者其他方式，实施下列妨碍、破坏其他经营者合法提供的网络产品或者服务正常运行的行为：……（四）其他妨碍、破坏其他经营者合法提供的网络产品或者服务正常运行的行为。该条款作为互联网时代的新增条款，其第四项通过概括、列举及兜底的方式对互联网环境下不正当竞争行为构成要件进行的表述较为笼统，仅包括以下两个要件：一是被诉的不正当竞争行为系利用技术手段实施；二是对其他经营者合法提供的网络产品或服务的正常运行造成了妨碍、破坏。该条款位于《反不正当竞争法》的分则部分，根据特别法优先于一般法的法律适用原则，应优先适用该条款对类型化不正当竞争行为进行规制。但需注意的是，该条款仍存在构成要素不够完善的情况，仅能够评价与前三项类型化规定高度近似的行为，难以充分应对数据权益纠纷案件中的新问题。因此，法院在审理相关案件过程中，通常会引用位于《反不正当竞争法》总则部分的第二条作为补充性的判断依据，综合考虑被告的行为是否违背了诚实信用原则和商业道德等判定被告是否存在不正当竞争行为。

（3）《反不正当竞争法》的一般条款

《反不正当竞争法》第二条对不正当竞争行为做出原则性界定，即"不正当竞争行为，是指经营者在生产经营活动中，违反本法规定，扰乱市场竞争秩序，损害其他经营者或者消费者的合法权益的行为"。但在使用该条款解决数据权益纠纷案件时，有必要进行具体化解释，在"微信企业诉'群控'软件不正当竞争案"[①] 中，法院主要从以下四个方面认定被告违反了《反不正当竞争法》第二条的一般条款的规定：①两原告对于案涉数据资源享有合法权益；②原被告双方存在竞争关系；③两被告前述被诉行为有违法律和商业道德，具有不正当性；④案涉被诉行为不属于技术创新的公平竞争。从构成要件的角度进行归纳，可得

---

① 参见杭州互联网法院（2019）浙 8601 民初 1987 号民事判决书。

出"原告数据权益的合法性及受保护程度""被诉行为系竞争行为""被诉行为对原告造成了实质损害""被诉行为具有不正当性"四个基础要件。

（二）数据权益保护司法实践中的疑难问题

1. 数据权益保护内容难以确定

明确数据权益的内涵是权益保护的理论基础和逻辑起点，但数据权益在主体、内容和范围方面均具有较强的模糊性。[①] 其一，数据权益主体具有复杂性。由于数据来源的多样性和数据处理方式的差异，数据权益的主体范围也相应变得广泛。数据在反复流通与利用过程中产生价值，可能形成包含数据来源者、数据处理者等多方主体的多种利益关系交互。其二，数据权益归属不明确。在大数据背景下，数据权益往往同时归属于不同的主体，任何数据都难以被单一主体所独占，无论在理论还是实践中，对具体的权属关系进行界定都具有较高难度。其三，数据权益衔接不畅。不同数据主体的数据在经历汇聚、融合及加工等处理后，由原本的单一主体数据转变为涉及多元主体的数据集合，导致各类原始数据以及衍生数据的权益衔接不畅。例如，《关于构建数据基础制度更好发挥数据要素作用的意见》中规定，"保障数据来源者享有获取或复制转移由其促成产生数据的权益"，将可携带权的适用范围严格限制在"由数据来源者促成产生数据"之内，但数据来源者行使可携带权之后，数据处理者是否有义务删除相关的数据又成为亟待解决的问题。

2. 现有法律规定保护范围受限

（1）《著作权法》保护路径的局限性

有学者提出，数据不具有独创性、期限性、法定性的知识产权必要特征，也不必然是智力劳动成果，更不需经过知识产权取得的相关法定程序，因此数据亦难以实现知识产权上的垄断和独占。[②] 在司法实践中，数据往往难以满足独创性的构成要件。独创性要求创作者在创作作品的过程中投入某种智力性的劳动，作品需具有最低限度的创造性。而数据的生成方式对其独创性程度具有决定性影响，特别是在大数据时代，数据的收集、整理与生成主要依赖

---

①　杨东、白银：《数据"利益束"：数据权益制度新论》，《武汉大学学报》（哲学社会科学版）2024 年第 1 期。

②　韩旭至：《数据确权的困境及破解之道》，《东方法学》2020 年第 1 期。

自动化手段以及预设的算法和程序，而非人类的创造性思维。因此，生成的数据往往呈现标准化和程序化的特征，缺乏人类创作者所特有的个性和创意，从而难以达到《著作权法》对于独创性的要求。

（2）《反不正当竞争法》保护路径的局限性

其一，《反不正当竞争法》难以覆盖所有数据侵权行为。一方面，若侵权行为未造成明显的损害或立即造成损害，往往难以纳入《反不正当竞争法》的调整范畴。在数字经济时代，很多侵权行为的后果可能并不明显或需要时间来显现，由此造成的权益损害难以及时量化并加以弥补。另一方面，随着数字技术的不断进步，除不当获取或使用数据外，数据资源争夺、数据交易产品权利归属等诸多新型纠纷涌现，单纯依靠《反不正当竞争法》有所乏力。其二，《反不正当竞争法》的行为规制模式依赖于法官的价值判断，具有一定的不确定性。《反不正当竞争法》保护数据权益采取多因素行为判断方式，以多元法益的复杂平衡判断不正当性，个案判定难度较大，法官具有较大的自由裁量权，裁量标准难以客观具象地确定。有学者认为，该模式难以适应数字经济时代和大数据背景下对数据权益保护持续性的需求。[①]

总的来看，目前司法实践所体现的两种数据权益保护路径都存在一定局限性，但相较而言，《反不正当竞争法》保护路径的局限性已通过法院在个案审查中的利益衡量予以弥合。随着司法对数据产业理解的不断加深，法院通过法律解释将更多的数据侵权行为纳入规制范围，并审慎使用自由裁量权，力求在数据权益纠纷案件中作出更符合法律价值追求和数据产业发展方向的裁判。

三　数据权益保护的典型案例

作为全国首家互联网法院，杭州互联网法院始终站在数据司法保护前沿，聚焦数据产权、流通交易、收益分配、安全治理等重点领域，以裁判树规则，助推建立安全可控、弹性包容的治理标准。现详述其中具有代表性的部分案例，以期为数据产业的健康发展提供有益的借鉴与启示。

[①] 孔祥俊：《商业数据权：数字时代的新型工业产权——工业产权的归入与权属界定三原则》，《比较法研究》2022年第1期。

（一）某电商平台运营商诉某信息科技有限公司不正当竞争纠纷案①

——界定了数据收集、使用的合法性、正当性标准，首次赋予数据产品开发者享有"竞争性财产权益"

1. 裁判要旨

第一，网络运营者收集、使用个人信息应当遵循合法、正当、必要原则；收集、使用个人信息适用"限于必要范围+明示收集、使用信息规则+用户协议明示同意"规则；收集、使用非个人信息适用"明示收集信息功能+用户默认同意"规则。第二，网络运营者基于原始网络数据而获得的商业利益和竞争优势受《反不正当竞争法》保护；网络运营者对原始数据的处理仍受制于"明示收集信息功能+用户默认同意"规则，但经过处理无法识别特定个人且不能复原的除外。第三，应当赋予数据产品一项独立的财产性权益，开发者享有占有、使用、收益、处分的权利。第四，开发者对数据产品享有竞争性财产权益，同行业竞争者不当利用他人数据产品获取商业利益的行为，属于《反不正当竞争法》第二条所规定的不正当竞争行为。

2. 案情介绍

原告系某电商平台运营商。"生意参谋"数据产品是原告在收集网络用户行为痕迹信息所产生的巨量原始数据基础上，通过特定算法深度分析、过滤、提炼、整合而成的衍生数据。被告系某互助平台运营商，其以提供远程登录已订购案涉数据产品用户子账户的电脑技术服务的方式，招揽、组织、帮助他人获取案涉数据产品中的数据内容，从中牟利。原告认为，其自身对数据产品中的原始数据与衍生数据享有财产权，被诉行为恶意破坏其商业模式，构成不正当竞争，请求判令被告立即停止案涉不正当竞争行为，赔偿其经济损失及合理维权费用 500 万元。

3. 裁判内容

杭州铁路运输法院经审理认为，第一，原告收集、使用网络用户信息，开发案涉数据产品的行为符合网络用户信息安全保护的要求，具有正当性。第二，

---

① 参见杭州铁路运输法院（2017）浙 8601 民初 4034 号民事判决书。

网络数据产品不同于网络原始数据，数据内容经过网络运营者的深度开发与系统整合，形成与网络用户信息、网络原始数据无直接对应关系的独立的衍生数据，可以为网络运营者所实际控制和使用，并带来经济利益。网络运营者对于其开发的数据产品享有独立的财产性权益。第三，被告未经授权亦未付出创新劳动，直接将案涉数据产品作为自己获取商业利益的工具，明显有悖公认的商业道德，被诉行为实质性替代了案涉数据产品，破坏了原告的商业模式与竞争优势，已构成不正当竞争。该院于 2018 年 8 月 16 日判决：被告自判决生效之日起立即停止案涉不正当竞争行为并赔偿原告经济损失（含合理维权费用）200 万元。一审宣判后，被告不服，提起上诉。二审驳回上诉，维持原判。

（二）某网络科技有限公司诉汪某侵害商业秘密纠纷案①

——确立了直播数据作为商业秘密予以保护的路径

1. 裁判要旨

在审查数据类经营信息是否符合商业秘密时应结合数据组成和行业特征予以认定。第一，网络原始数据组成的衍生数据或大数据，或网络公开数据结合其他尚未公开的内容组成的新的数据信息，不为所属领域的相关人员普遍知悉和容易获得的，可认定其具有秘密性。第二，对于数据类经营信息是否具有保密性，应结合行业现实状态及载体的性质、保密措施的可识别程度来认定，保密措施应以适当为标准。第三，直播平台中奖数据能够反映经营者特定经营策略及经营效果，体现用户打赏习惯和消费习惯等深层信息，可为经营者提供用户画像、吸引流量，使其获得竞争优势，具有商业价值。

2. 案情介绍

原告旗下经营两款直播平台，公司在直播打赏环节设置中奖程序，用户有机会从奖池中获得其所打赏礼物价款的一定倍数返还金额作为中奖奖励。被告系原告前运营总监，双方签订保密协议。被告在职期间，使用自身账号权限，登录查看、分析后台数据，掌握中奖率高的时间点，离职前后多次登录实施被诉行为，通过数十名主播提现，其在笔录中自述以此获利 200 余万元。原告诉称，被告上述行为侵犯其商业秘密，情节恶劣，应适用惩罚性赔偿，请求判决

---

① 参见杭州铁路运输法院（2021）浙 8601 民初 609 号民事判决书。

被告赔偿损失 390 万元。

3. 裁判内容

杭州铁路运输法院认为，本案直播打赏数据构成《反不正当竞争法》意义上的商业秘密。被告在职期间的"使用"行为，违反《反不正当竞争法》第九条第一款第三项；离职后的"获取"行为，违反该法第九条第一款第一项；离职后的"使用"行为，违反该法第九条第一款第二项。被告曾为原告员工，主观过错明显；且被诉行为持续时间较长，被告通过多次登录后台账号获利，侵权次数频繁；行为涉及数十名主播，范围广；自认获利金额 200 余万元，侵权获利金额高，客观情节严重，可以适用惩罚性赔偿。遂以获利金额 200 万元为赔偿基数，以侵权获利的 1.5 倍确定赔偿数额。该院于 2021 年 10 月 25 日判决：被告赔偿原告经济损失 300 万元。被告不服，提出上诉。二审法院驳回上诉，维持原判。

（三）A 科技有限公司、B 科技有限公司诉 C 科技有限公司等不正当竞争纠纷案①

——明确了数据、算法、平台融合治理模式下有关数据污染行为的《反不正当竞争法》互联网专条兜底条款的司法规制路径

1. 裁判要旨

计算机软件通过模拟人工操作，制造虚假的点击量、评论数、关注数，骗取短视频平台流量，干扰平台算法推荐机制的有效运行，妨碍、破坏了平台短视频的管理、运营、商业推广，扰乱了短视频市场的竞争秩序，构成《反不正当竞争法》第十二条第二款第四项所规制的不正当竞争行为。

2. 案情介绍

二原告为 X 短视频平台的共同经营者。C 科技有限公司、D 科技有限公司、E 科技有限公司三被告共同推广、宣传的 Y 软件是一款聚合式智能刷量软件，可以直接在后台设置执行参数、话术，通过机器模拟人工操作，自动控制 X 短视频平台账号，实现自动养号、批量点赞和评论、刷量引流、采集地理坐标等功能。二原告主张被诉 Y 软件模拟真人行为规律，制造虚假流量，通过

---

① 参见杭州铁路运输法院（2022）浙 8601 民初 731 号民事判决书。

提供刷量技术来不正当谋取交易机会，获取竞争优势，窃取了二原告长期经营积累的市场成果，有违诚信原则和公认的商业道德，构成不正当竞争，请求判令三被告停止侵害、消除影响并赔偿经济损失及合理维权费用共计 150 万元。

3. 裁判内容

杭州铁路运输法院认为，二原告投入成本迭代优化算法并将其运用于 X 短视频平台，形成算法推荐机制下的短视频分享、互动、推送的经营体系和平台生态系统，该种商业模式带来的竞争优势和经济利益应予保护。首先，Y 软件通过机器模拟人工操作，制造虚假数据，影响 X 短视频平台对真实数据的采集，干扰其算法推荐机制的正常运行。其次，Y 软件自动控制 X 短视频平台账号，实现批量点赞和评论、随机转发、万能引流等功能，使 X 短视频平台用户形成虚假认知，骗取 X 短视频平台更多的流量分配，破坏了 X 短视频平台在短视频的管理、运营、商业推广方面的正常运行。再次，Y 软件产生的虚假流量、信息直接影响 X 短视频平台用户对视频资源的选择判断，导致劣质视频被大量推送，降低了用户的体验感。最后，Y 软件以技术手段制造虚假流量，扰乱了短视频市场的公平竞争秩序，违背诚实信用和商业道德，属于《反不正当竞争法》第十二条第二款第四项规定的行为，构成不正当竞争。该院于 2023 年 4 月 12 日判决：三被告停止案涉不正当竞争行为，发表声明消除影响，并应赔偿二原告经济损失及合理维权费用共计 100 万元。三被告不服，提出上诉。二审法院驳回上诉，维持原判。

2023~2024年粤港澳大湾区数据跨境
流动规则研究报告

吴沈括　柯晓薇*

摘　要： 数据要素价值的释放在于数据的高效流转利用。数据跨境流动是数字经济高质量发展的重要支撑。粤港澳大湾区（简称"大湾区"）依托其"一国两制三法域"的制度特色，为中国探索数据跨境流动提供了良好的"试验田"。当前，粤港澳三地在法律制度及规制模式等方面存在差异，而有效协调机制的缺位制约着大湾区数据跨境流动。2023年，国家互联网信息办公室与香港特区政府创新科技及工业局发布《关于促进粤港澳大湾区数据跨境流动的合作备忘录》《粤港澳大湾区（内地、香港）个人信息跨境流动标准合同实施指引》等，为大湾区数据跨境流动治理体系的完善提供了新方向、新思路，推动了大湾区内个人信息的安全有序流动。据此，大湾区可以在顶层设计、制度规范及监管机制等方面持续深化数据跨境流动治理，促进大湾区数据要素的安全便捷流动，助力推进"数字湾区"建设。

关键词： 数据跨境流动　数字治理　粤港澳大湾区

随着大数据、云计算、区块链、人工智能等新兴技术的深入发展，数据要素及其跨境流动逐渐成为驱动经济社会转型发展的战略性因素。海量数据的高效流转利用对于加速释放数字技术潜力、促进经济增长至关重要。在统一数据要素大市场建设的背景下，中国正积极探索数据跨境流动规制体系的构建，促

---

* 吴沈括，北京师范大学法学院博士研究生导师，中国互联网协会研究中心副主任，主要研究方向为网络安全、数据保护、人工智能治理、数字经济与数字政府等；柯晓薇，北京师范大学法学院硕士研究生，主要研究方向为网络安全、数据保护、人工智能治理等。

进数据在合规基础上安全自由跨境流通，赋能中国数字经济高质量发展。

　　作为中国最具开放性和经济活力的区域之一，粤港澳大湾区依托其独特的"一国两制三法域"制度布局、庞大的数据体量以及丰富的数据跨境流动应用场景优势，逐步成为中国探索数据跨境流动的"先行示范区"。2019年2月，中共中央、国务院印发的《粤港澳大湾区发展规划纲要》强调，要探索有利于信息、技术等创新要素跨境流动和区域融通的政策举措，共建粤港澳大湾区大数据中心和国际化创新平台。2022年12月，中共中央、国务院印发《关于构建数据基础制度更好发挥数据要素作用的意见》，明确要求构建数据安全合规有序跨境流通机制，同时鼓励探索数据跨境流动与合作的新途径新模式，总结提炼可复制可推广的经验和做法。为进一步畅通数据要素流动渠道并提升数据跨境流动的便利化水平，2024年2月，国务院办公厅印发《扎实推进高水平对外开放更大力度吸引和利用外资行动方案》，提出推动制定粤港澳大湾区跨境数据转移标准，探索建立跨境数据流动"白名单"制度，稳步推动实现大湾区内数据便捷流动。这一系列政策举措加速推动了数据要素在粤港澳大湾区的汇聚与流通，并为大湾区探索数据跨境流动新范式提供了制度支撑与规范引领，以充分发挥大湾区的治理示范作用。在高水平对外开放新形势下，粤港澳大湾区在数据跨境流动治理方面的先行实践，不仅可以为中国完善数据跨境流动规则提供可借鉴和可推广的治理范本，还能为打通数据壁垒探索出一条切实可行的路径，有利于进一步提升中国在全球数字治理领域的话语权。

一　大湾区数据跨境流动规则现状

　　在经济社会进入高质量发展阶段的时代背景下，数据跨境流动已然成为进一步提升粤港澳大湾区在国家经济发展和对外开放中的支撑引领作用的有效路径。当前，粤港澳大湾区尚未形成统一的数据跨境流动规则体系，仍面临制度冲突、区域合作机制有待完善等问题。

（一）内地

　　内地数据跨境流动治理以安全保障、权益保护和发展促进为核心要旨。综合运用法律法规、规范性文件、技术标准和行业自律规范等诸多治理手段，推动了安全评估、标准合同以及相关认证等多种数据出境机制的落地，多措并举推动数据合规高效流动，赋能数字经济发展。

鉴于数据流动在网络空间日趋活跃，2016年颁布的《中华人民共和国网络安全法》（以下简称"《网络安全法》"）首次确立了"本地存储、出境评估"的数据跨境流动监管模式，即关键信息基础设施的运营者在中国境内运营中收集和产生的个人信息和重要数据应当在境内存储；因业务需要，确需向境外提供的，应当进行安全评估。据此，《网络安全法》明确了内地数据跨境流动规则的基本主线。随后，国家互联网信息办公室于2017年和2019年发布《个人信息和重要数据出境安全评估办法（征求意见稿）》和《个人信息出境安全评估办法（征求意见稿）》，进一步细化了数据出境安全评估的相关要求。

随着数字全球化加速推进，为了适应不断增长的数据出境需求，内地于2021年6月出台了《中华人民共和国数据安全法》（以下简称"《数据安全法》"）。该法在《网络安全法》第37条的基础上，进一步规定其他数据处理者的重要数据出境规则，并提出建立数据分类分级保护制度。同时，其明确了数据安全审查和数据出口管制的要求，提出制定重要数据具体目录，以加强重要数据的跨境流动管理。同年8月公布的《中华人民共和国个人信息保护法》（以下简称"《个人信息保护法》"）专章制定了个人信息跨境流动的基本规则，以促进个人信息合规安全流动。该法确立了以"告知—同意"为核心的个人信息保护规则，明确了数据出境安全评估、个人信息保护认证、个人信息出境标准合同等数据出境管理制度。同时，该法专门制定了保护敏感个人信息的规则，还明确基于国际条约、协议、平等互惠原则向外国司法或者执法机构提供境内个人信息的，也需要经中国主管机关批准。

《网络安全法》《数据安全法》《个人信息保护法》在制度规范与治理目标上相互协调，完善了内地数据安全治理的顶层设计。为进一步细化数据跨境流动规则，国家互联网信息办公室于2022年5月通过《数据出境安全评估办法》，其细化了数据出境安全评估的程序性规则和实体性评估内容，明确了数据出境安全评估应遵循两项基本原则，即"事前评估和持续监督相结合原则"和"风险自评估与安全评估相结合原则"。2023年6月施行的《个人信息出境标准合同办法》明确了个人信息跨境标准合同的适用条件，并规范了个人信息处理者和境外接收方的行为，同时要求境外接收方处理个人信息活动应达到内地相关法律法规规定的个人信息保护标准。2024 年 3 月，《促进和规范数据跨境流动规定》正式公布并自公布之日起施行。该规定针对数据出境安全评估、个人信息出境标准合同、个人信息保护认证等数据出境管理制度进行了灵活调整，明确了重要数据出境安全评估申报标准和数据出境豁免情形，并规定自由贸易试验区可在国家数据分类分级保护制度框架下制定"负面清单"。由此，内地逐渐建立完善的符合国家利益的数据跨境流动多层次规范体系，为促进粤港澳大湾区数据跨境流动提供有益指引。

（二）香港

作为普通法系地区，香港对于数据跨境流动的规制受到英美法律的影响，主要采取市场驱动的模式，强调数据在保护个人信息（私隐）的前提下自由流动。[①] 1996 年 12 月，香港正式施行《个人资料（私隐）条例》，旨在保障在个人资料方面的个人隐私。香港为此设立了专门的个人资料私隐专员公署负责监察、督导和执行该条例。2021 年 9 月，香港对该条例进行重要的修订，以打击恶意侵犯个人资料私隐的"起底"行为。《个人资料（私隐）条例》明确了 6 项有关收集和使用个人资料的基本原则，涵盖个人资料的全生命周期，分别为收集目的及方式、准确性及保留期、使用、保安、透明度、查阅及更正原则。该条例第 33 条对个人资料跨境传输做出专门规定，即除在指明情况外，禁止将收集、持有、处理、使用是在香港进行的或者由主要营业地点在香港的人所控制的个人资料移转至香港以外地方，旨在确保被转移的个人资料会获得条例所提供的保障。第 33 条涵盖两类个人资料转移情形，分别是将个人资料由香港转移至境外；在两个其他司法区之间转移个人资料，但有关转移是由香港的资料使用者所控制的。目前，该条款尚未实施，意味着现阶段个人资料可以不受限制地传输至香港境外。然而，该条例并不免除资料使用者在条例其他规定上的个人资料保护责任，如条例保障资料的第 3 原则规定，除非获得资料当事人明确和自愿给予及没有以书面撤回的同意，否则个人资料便不得

---

① 丁玮、于兴中：《融合与创新：粤港澳大湾区跨境数据治理法律问题研究》，《京师法学》2024 年第 0 期。

用于原本目的或与其直接有关的目的以外之任何目的。[①]

随着通信技术及互联网技术的快速发展,跨境数据传输所面临的挑战日益加剧,香港个人资料私隐专员公署分别于 2014 年 12 月、2022 年 5 月公布《保障个人资料:跨境资料转移指引》和《跨境资料转移指引:建议合约条文范本》,为资料使用者提供实操性指引。两份指引中载明了用于订立资料转移协议的建议合约条文范本,引导资料使用者遵守"尽职努力的规定"。而遵守"尽职努力的规定"被视为满足《个人资料(私隐)条例》第 33 条所列条件的最低要求。[②] 若《个人资料(私隐)条例》第 33 条生效,香港跨境资料转移需满足以下条件之一[③]:①被专员评估纳入"白名单"的司法区;②该地方有正在生效的与条例大体相似或与条例目的相同的法律;③资料当事人书面同意转移;④豁免条款;⑤避免针对资料当事人的不利行动或减少该行动所造成的影响;⑥已采取所有合理的预防措施。这将有利于确保数据跨境传输的合规性和安全性。

(三)澳门

澳门立法显现出鲜明的大陆法系特征,具备两大法系融合的特点[④]。澳门在数据跨境流动治理方面秉持"严格限制"的主张,其规制模式与欧盟《一般数据保护条例》(GDPR)相似。2005 年 8 月,澳门通过《个人资料保护法》。由于其严密而系统的体系结构,该法被称为"亚太地区最强的个人资料保护法"。为了监察、协调对该法的遵守和执行,澳门也特设个人资料保护办公室来履行相应的职责。《个人资料保护法》涵盖全部或部分以自动化方法和非自动化方法对个人资料的处理,但不适用于自然人在从事专属个人或家庭的活动时对个人资料的处理,除非该处理用作系统通信或传播。该法的一般原则规定个人资料的处理应以透明的方式进行,并应尊重私人生活的隐私和澳门基本法、国

---

① 《保障个人资料:跨境资料转移指引》,香港个人资料私隐专员公署网站,https://www.pcpd.org.hk/tc_chi/resources_centre/publications/guidance/files/GN_crossborder_c.pdf#/。

② 《跨境资料转移——您不可不知的事情》,withersworldwide,https://www.withersworldwide.com/zh-hk/insight/read/cross_border_data_transfers_between_hong_kong_and_mainland_china#/。

③ 《保障个人资料:跨境资料转移指引》,香港个人资料私隐专员公署网站,https://www.pcpd.org.hk/tc_chi/resources_centre/publications/guidance/files/GN_crossborder_c.pdf#/。

④ 符正平:《粤港澳大湾区数据要素跨境流动研究》,《澳门理工学报》(人文社会科学版)2023 年第 1 期。

际法文书以及现行法律订定的有关基本权利、自由和保障的规定。该法的第5条规定①体现了个人信息保护的五大具体原则，即合法且善意收集原则、目的特定原则、适当利用原则、准确原则和保存期原则。② 同时，该法强调保障资料当事人的资讯权、查阅权、反对权、不受自动化决定约束的权利和损害赔偿权等相关权利。由此可见，该法不仅强调隐私保护，而且重视保障公民的基本人权。

在此基础上，将个人资料转移到澳门以外的地方必须同时满足两个条件③：其一，信息转移行为须遵守该法规定；其二，接收转移资料当地的法律体系能确保适当的保护程度。第二个条件一般是由接收转移资料当地的个人资料保护机构或合适的官方机构向资料来源地的个人资料保护机构或合适的官方机构证明其法律体系能确保适当的保护程度。若接收地的法律体系不具备适当保护程度，跨境转移个人资料只有通过资料当事人明确同意或者符合法定例外情形，并经对公共当局作出通知后，方可进行。④ 该法还通过问责机制和许可机制对数据跨境流动进行规范。目前，澳门个人资料保护办公室尚未公布具有适当保护程度的法律体系的区域名单。⑤ 因此，澳门在评估接收转移资料当地能否确保适当的保护程度时，仍面临一定的不确定性。

另外，澳门于2019年6月公布了澳门特区《网络安全法》，旨在保障关键基础设施营运者的资讯网络、电脑系统及电脑数据资料安全。该法涉及围绕电脑数据资料的完整性、保密性及可用性而开展的长期性跨领域活动，并且强调防止该数据资料因未经许可的行为而受到不利影响。该法要求司法警察局实时检视关键基础设施营运者的资讯网络与互联网之间传输的电脑数据资料，从而有效防治、侦测及打击网络安全犯罪。

---

① 澳门《个人资料保护法》第5条规定个人资料应：（1）以合法的方式并在遵守善意原则和第二条所指的一般原则下处理；（2）为了特定、明确、正当和与负责处理实体的活动直接有关的目的而收集，之后对资料的处理亦不得偏离有关目的；（3）适合、适当及不超越收集和之后处理资料的目的；（4）准确，当有需要时做出更新，并应基于收集和之后处理的目的，采取适当措施确保对不准确或不完整的资料进行删除或更正；（5）仅在为实现收集或之后处理资料的目的所需期间内，以可识别资料当事人身份的方式被保存。
② 陈星：《澳门个人资料保护法律制度研究》，《社会科学家》2014年第4期。
③ 澳门《个人资料保护法》第19条第1款。
④ 澳门《个人资料保护法》第20条第1款。
⑤ 《将个人资料转移出澳门之外》，澳门特别行政区政府个人资料保护局网站，https://www.dspdp.gov.mo/zh_cn/abstract_detail_copy/article/l13av000.html#/。

二 大湾区数据跨境流动规则的新态势

广东于2023年11月正式公布《"数字湾区"建设三年行动方案》，旨在打造高水平的"数字湾区"，加快粤港澳大湾区全方位数字化进程，推进粤港澳三地数字化规则衔接与机制对接。行动方案指出，将探索"港澳数据特区"建设和数据跨境流通"白名单"制度的推行，"加强跨境数据流通服务与分类管理"，"推动数据要素合规高效、安全有序流通"。这对中国数据跨境流动的探索与实践具有显著的指导意义。

依托内地与香港在促进个人信息跨境流动方面的实践，2023年6月，国家互联网信息办公室与香港特区政府创新科技及工业局签署《关于促进粤港澳大湾区数据跨境流动的合作备忘录》（以下简称《合作备忘录》），在国家数据跨境流动安全管理制度框架下，建立粤港澳大湾区数据跨境流动安全规则，对于进一步深化粤港澳大湾区数据跨境合作具有突破性的意义。随后，2023年10月，香港发布的《行政长官2023年施政报告》强调，将承担起率先探索数据跨境流动规则的使命，以先行先试的方式，简化内地个人数据流动到香港的协同治理体系，并积极参与国际数字治理规则制定等实践路径。

为了推动《合作备忘录》落实落地，全国信息安全标准化技术委员会秘书处于2023年11月发布《网络安全标准实践指南—粤港澳大湾区跨境个人信息保护要求（征求意见稿）》。该要求融合了内地《个人信息保护法》与香港《个人资料（私隐）条例》相关规定，强调接收方不得将接收的个人信息转移至粤港澳大湾区之外的第三方，对数据流动的范围予以一定的限制。同时，该要求为实施粤港澳大湾区个人信息保护认证这一数据出境保障性措施提供了认证依据，也为规范粤港澳大湾区个人信息跨境流动提供了重要参考。

2023年12月，在《合作备忘录》的协议框架下，国家互联网信息办公室与香港特区政府创新科技及工业局共同发布《粤港澳大湾区（内地、香港）个人信息跨境流动标准合同实施指引》（以下简称《实施指引》）及其附件《粤港澳大湾区（内地、香港）个人信息跨境流动标准合同》（以下简称《大湾区标准合同》），为粤港澳大湾区的个人信息跨境流动提供便利安排与细化指引，有利于推动粤港澳大湾区个人信息跨境安全有序流动。

（一）对标准合同的新探索

《实施指引》规定，以订立标准合同的方式进行粤港澳大湾区内内地和香港之间的个人信息跨境流动。根据内地《个人信息出境标准合同办法》第4条规定，个人信息处理者通过订立标准合同的方式向境外提供个人信息的，需同时符合下列情形：①非关键信息基础设施运营者；②处理个人信息不满100万人的；③自上年1月1日起累计向境外提供个人信息不满10万人的；④自上年1月1日起累计向境外提供敏感个人信息不满1万人的。在内地标准合同适用的情况下，涉及的个人信息跨境流动规模有限，且不会对国家及公共利益产生不利影响。《实施指引》豁免了个人信息跨境流动的数量和时间上的限制。这意味着在符合《实施指引》相关规定的情况下，两地企业都可在粤港澳大湾区内进行大规模个人信息跨境传输。而被相关部门、地区告知或者公开发布为重要数据的个人信息的跨境流动，则仍需进行安全评估。

相较于内地《个人信息出境标准合同办法》，《实施指引》及《大湾区标准合同》列明的需要承担的义务和责任有所减少，有利于提升粤港数据跨境流动的便利化水平。对于个人信息处理者而言，在订立标准合同前进行个人信息保护影响评估时，仅重点评估"个人信息处理者和接收方处理个人信息的目的、方式等的合法性、正当性、必要性""对个人信息主体权益的影响及安全风险""接收方承诺承担的义务，以及履行义务的管理和技术措施、能力等能否保障跨境提供的个人信息安全"三项内容。《个人信息出境标准合同办法》第5条规定的"出境个人信息的规模、范围、种类、敏感程度""个人信息出境后遭到篡改、破坏、泄露、丢失、非法利用等的风险""个人信息权益维护的渠道是否通畅""境外接收方所在国家或者地区的个人信息保护政策和法规对标准合同履行的影响"等条款未包含在依据《大湾区标准合同》开展的评估工作中。此外，《实施指引》也简化了备案手续，其中个人信息处理者及接收方无须提交个人信息保护影响评估报告。这一变化认可了大湾区两地企业内部常规化的个人信息保护影响评估。[1]

---

[1] 《小河南流香江畔，为有源头活水来——〈粤港澳大湾区（内地、香港）个人信息跨境流动标准合同实施指引〉解读和促进意义》，金杜律师事务所网站，https：//www. kwm. cn/zh/insights/latest-thinking/guidelines - for - the - implementation - of - standard - contracts - for - cross-border-personal-information-transfer-within-gba. html#/。

对于接收方而言，"允许个人信息处理者对必要数据文件和文档进行查阅""按照相关法律法规要求直接或者通过个人信息处理者向监管机构提供（个人信息处理活动）相关记录文件"等接收方应履行的义务已不作强制要求。同时，接收方依据标准合同向粤港澳大湾区内地或香港特别行政区同辖区内的第三方提供个人信息时，仅需同时满足以下条件：确有业务需要；已告知；按照属地法律法规要求取得同意。接收方无须与该第三方签订书面协议或履行备案手续。这将有利于降低粤港数据跨境合规成本，亦体现粤港两地在坚持重要数据严格规制的前提下，综合考虑经济社会发展状况与实践动态，统筹数据安全与发展，从而豁免部分数据跨境措施，促进大湾区数据跨境流动。

（二）对粤港数据出境规则的协调

总体而言，《实施指引》及《大湾区标准合同》有效衔接了内地《个人信息保护法》和香港《个人资料（私隐）条例》的相关规定。同时，内地《个人信息保护法》和香港《个人资料（私隐）条例》也为粤港澳大湾区数据跨境流动提供了纲领性的指导。

《大湾区标准合同》便利措施属自愿性质，允许粤港两地企业按统一范本合约订立标准合同。[1] 但这不影响粤港两地现行有关个人信息保护的法律法规的效力。考虑到粤港两地的制度规范差异，《大湾区标准合同》第1条对"个人信息处理者""个人信息主体""监管机构"等作了区分性定义，其仍然遵循两地法律所作的定义。而个人信息处理者处理的个人信息和合规基础权利及义务的履行[2]，需按照属地的法律规范进行判断与认定。香港个人信息处理者应当在跨境提供个人信息前按照其属地法律法规要求告知个人信息主体或者取得个人信息主体的同意。在处理个人信息的过程中，香港个人信息处理者和接

---

[1] 《促进粤港澳大湾区数据跨境流动》，中华人民共和国香港特别行政区政府数字政策办公室网站，https：//www.ogcio.gov.hk/sc/our_work/business/cross-boundary_data_flow/index.html#/。

[2] 《跨境数据流动创新保障性措施的先行先试——〈粤港澳大湾区（内地、香港）个人信息跨境流动标准合同实施指引〉发布》，环球律师事务所网站，https：//www.glo.com.cn/Content/2023/12-18/1153391272.html#/。

收方仍需要遵守香港《个人资料（私隐）条例》中6项保障个人资料的基本原则及其他合规义务，并且接受属地监管机构的监管。而《实施指引》未纳入"境外接收方所在地国家或地区个人信息保护政策和法规对合同履行的影响"这一规定，这反映其认可香港作为接收方所在地，其个人信息保护法律法规及政策规范具备"适当保护水平"。这一系列规定有利于化解因两地法律差异或冲突而产生的合规障碍，同时推动粤港两地的执法交流合作。

另外，香港个人资料私隐专员公署在原有指引①的基础上，鼓励香港资料使用者及接收方采用《大湾区标准合同》来实现个人资料从香港到粤港澳大湾区内地城市的转移，对于其他情况下的个人资料跨境转移，可以继续选择采用香港的建议合约条文范本。② 这从侧面表现出香港对于《大湾区标准合同》项下个人信息保护影响评估等合规措施的认可，以确保有关个人资料仍然在符合《个人资料（私隐）条例》规定的情况下安全流动。

三 大湾区数据跨境流动规则的发展展望

推进粤港澳大湾区建设是新时代国家推动形成全面开放新格局的重大发展战略，对国家推进中国式现代化具有重大意义。随着数字经济的深入发展，数据跨境流动成为推动粤港澳大湾区高质量发展的新引擎。《合作备忘录》及配套落地措施的出台标志着中国在探索数据跨境流动方面实现重要突破，进一步促进了粤港澳大湾区数据互联互通，也为构建粤港澳大湾区一体化的数据要素流转生态提供了新方向、新思路。

其一，全面优化粤港澳大湾区数据跨境流动治理的顶层设计，加强粤港澳三地数据跨境流动规则衔接与机制对接，探索构建粤港澳大湾区数据跨境流动的协同治理体系。粤港澳三地在法系、治理理念和利益诉求方面呈现差异，形成了各具特色的数据跨境流动规则体系。而各区域之间规则相互交叠、嵌套且

① "原有指引"即2014年12月《保障个人资料：跨境资料转移指引》和2022年5月《跨境资料转移指引：建议合约条文范本》。
② 《香港个人资料跨境流动最新发展－粤港澳〈大湾区标准合同〉的先行先试安排》，STEPHENSON HARWOOD，https：//www.shlegal.com/insights/the－latest－developments－in－the－cross－border－flow－of－personal－data－in－hong－kong#/。

部分规则互不交融，使制度变得复杂。① 实现粤港澳三地具体规范的协调，整合各区域的法律法规优势，是构建统一兼容的数据跨境流动规则体系的良性路径，也是推动粤港澳大湾区一体化建设的题中之义。通过制定符合各区域利益的软法规范，明确数据资源共享边界，完善数据跨境安全评估、信息保护认证和标准合同等数据跨境监管制度，给予其一定的弹性空间，以适应粤港澳三地利益需求的变化。

同时，遵循数据分类分级保护的思路，合理引入清晰的数据要素跨境流动区分化特别规则，进一步明确粤港澳三地的数据分类分级标准，并根据数据层级的不同，灵活实施数据流动及本地化措施。对于核心数据、重要数据予以严格管控，注重维护数据主权。针对一般数据采取相对宽松的审查监管措施，通过合理审查评估促进数据自由流通，最大限度地发挥其价值。粤港澳大湾区的软法规范应统筹数据自由流动与权益保障，平衡数据的可用性与可控性，为粤港澳大湾区数据安全和信息保护相关立法积累经验。

其二，完善细化粤港澳大湾区数据要素流动的具体制度规范，寻求在粤港澳大湾区内构建数据可信流动体系，逐步消除粤港澳大湾区的数据跨境流动壁垒。科学设计数据跨境安全评估规则，统筹重要数据和个人信息跨境监管。强化数据要素全生命周期风险管控，建立有弹性的数据安全管理机制，在这一过程中发挥行业自律的监管效能，实现数据跨境风险全过程的动态评估。粤港澳三地可逐步推动个人信息保护规则、标准等的互认，进一步提升数据跨境流动的便利度。

另外，在粤港澳三地原有的制度规范上，探索推行协调各区域的数据跨境流动"白名单"制度。大湾区的数据跨境流动"白名单"制度依托现行数据安全评估标准、信息审查机制，综合考虑各区域的数据保护政策、信息技术水平等，允许在"白名单"中的区域可以适用相对宽松的数据跨境流动规则。这降低了粤港澳大湾区数据跨境流动的评估审查成本，推动了粤港澳大湾区的数字贸易合作与数据协作，有助于形成中国的数据跨境信任体系，推动数据流动与数据保护相互促进、良性循环。

其三，建立行之有效的粤港澳大湾区数据跨境流动的监管机制，促进粤港

---

① 陈朋亲：《粤港澳大湾区规则相互衔接的制度复杂性与行为策略》，《学术论坛》2023年第3期。

澳三地数据跨境流动监管部门的协调。香港和澳门均设立了专门的职能机构来执行个人信息专门保护法。在粤港澳大湾区探索设置适当对接的机构，在权限设置上融合香港个人资料私隐专员公署和澳门个人资料保护办公室的职能，实现优势互补，推动制定兼具一致性与可适应性的数据跨境流动指导规则，有效协调粤港澳三地在数据事务中出现的矛盾冲突，防止各职能机构因权责界限模糊出现重复监管、监管失灵等问题。

粤港澳大湾区也应持续深化数据跨境流动监管的法律实践，合理审慎设定相关监管机构的权责，建立完善跨部门、跨区域、跨层级、跨行业的协同监管机制，促进三地执法信息的互通。根据粤港澳大湾区数据跨境流动及其治理的实际情况，为监管机构制定相应的执法清单及负面行为清单，确保精准执法。在执法基础上，探索各方互认的多元化、便利化的纠纷解决途径，强化粤港澳三地数据跨境流动司法规则的衔接，提升数据跨境流动管理效率。

参考文献

广东外语外贸大学粤港澳大湾区研究院课题组、申明浩、滕明明等：《数据要素跨境流动与治理机制设计——基于粤港澳大湾区建设的视角》，《国际经贸探索》2021年第10期。

韩晋雷：《粤港澳大湾区数据要素安全有序跨境流动的困境与出路》，《网络安全与数据治理》2023年第3期。

商务部国际贸易经济合作研究院、上海数据交易所：《全球数据跨境流动规则全景图》，2024。

杨晓伟、张誉馨、贾丹：《粤港澳大湾区数据跨境流动的挑战与对策研究》，《工业信息安全》2023年第4期。

余宗良、张璐：《我国数据跨境流动规则探析——基于粤港澳大湾区先行先试》，《开放导报》2023年第2期。

曾坚朋、王建冬、黄倩倩等：《打造数字湾区：粤港澳大湾区大数据中心建设的关键问题与路径建构》，《电子政务》2021年第6期。

赵骏、姚若楠：《个人信息出境的国内法规制路径及体系化完善》，《治理研究》2024年第2期。

郑潇潇、甘杰夫、樊华等：《港澳个人数据跨境规则梳理和解读》，《中国信息安全》2023年第7期。

机制生态篇 ▷

B.6
2023~2024年数据资产化研究报告

李纪珍 金旸*

摘　要： 数据作为数字经济时代的生产要素，已成为一种战略性资源，中国的数据资源产量和数据要素市场规模潜力巨大。中共中央、国务院及国家部委围绕发展数字经济的决策部署，先后出台一系列重要政策文件，其中财政部于2023年8月出台的《企业数据资源相关会计处理暂行规定》（以下简称《暂行规定》），是贯彻落实发展数字经济的决策部署的具体举措。本报告通过对《暂行规定》进行解读，对数据资源入表常规路径进行分析，为企业数据资产化具体实施路径提供参考；基于国家和地方政府、产学研各界开展的数据资产化实践，对国内数据资产化现状进行分析，提出数据财政3.0新模式；分别从企业层面和监管部门视角提出建议，希望助力推动地方政府和企业发挥数据要素乘数效应，为地方财政和企业发展赋能，并为进一步促进中国数字经济发展提供动力。

---

* 李纪珍，博士，清华大学经济管理学院长聘教授、副院长，清华大学技术创新研究中心副主任，主要研究方向为技术创新、创业管理与数字化转型；金旸，普华永道中国数据要素创新中心合伙人，主要研究方向为数据要素流通、数据资产化。

关键词: 数据资产化　数字经济　企业战略　数据资源管理　数据财政 3.0

引　言

随着数字经济的蓬勃发展，数据已成为新时代的生产要素，对经济增长和社会进步具有显著的推动作用。2022 年中国的数据产量达到 8.1ZB（泽字节），同比增长 22.7%，占全球数据总产量的 10.5%，位列全球第二。此外，中国的数据存储量也实现了快速增长，截至 2022 年底，中国存力总规模超过 1000EB（艾字节），数据存储量达到 724.5EB，同比增长 21.1%，占全球数据总存储量的 14.4%。与此同时，中国的大数据产业规模达到 1.57 万亿元人民币，同比增长 18%。[①] 数据要素市场方面，2021 年中国数据要素市场规模为 815 亿元人民币，预计"十四五"期间市场规模复合增长率将超过 25%。[②]

进入 2023 年，中国的数字经济继续展现出强劲的增长势头。在数据存储方面，2023 年中国数据存储总量为 1.73ZB，存储空间利用率为 59%，其中政府和行业重点企业存储空间利用率均为 70% 左右。在上述数据存储中，数据云存储占比超过 40%。在算力方面，至 2023 年底，全国 2200 多个算力中心的算力规模同比增长约为 30%。[③]

这些数据不仅反映了中国作为全球数据大国的地位，也预示着数据流动将在未来创造更多的价值。

一　数据资产化政策背景

党的十九届四中全会首次明确提出将数据作为生产要素之一，按贡献参与分配，将充分发挥数据要素价值提升至国家战略层面。随后，国家层面发布一系列政策完善数据要素领域的顶层设计。

[①] 国家互联网信息办公室：《数字中国发展报告（2022 年）》，2023。
[②] 国家工业信息安全发展研究中心、北京大学光华管理学院、苏州工业园区管理委员会、上海数据交易所：《中国数据要素市场发展报告（2021~2022）》，2022。
[③] 全国数据资源调查工作组：《全国数据资源调查报告（2023 年）》，2024。

2020 年 4 月，中共中央、国务院印发《关于构建更加完善的要素市场化配置体制机制的意见》，提出加快培育和发展数据要素市场。2022 年 12 月，中共中央、国务院印发《关于构建数据基础制度更好发挥数据要素作用的意见》（以下简称"数据二十条"），为全面系统构建数据基础制度提供了政策引导，为充分释放数据要素价值提供了方向指引。

2023 年 8 月，财政部发布《企业数据资源相关会计处理暂行规定》，加强企业数据资源管理，对规范企业数据资源的会计处理及加强数据资源披露具有重大指导意义。2023 年 9 月，在财政部指导下，中国资产评估协会印发《数据资产评估指导意见》，为数据资产评估实务操作提供指引，推动了数据资产的价值释放。2023 年 12 月，财政部印发《关于加强数据资产管理的指导意见》，提出要有序推进数据资产化，更好发挥数据资产价值。

2023 年 12 月，国家数据局会同 16 部门联合印发《"数据要素×"三年行动计划（2024—2026 年）》（以下简称《三年行动计划》），优化了数据要素领域的顶层设计，选取了 12 个典型应用行业和领域，其中包括工业制造、现代农业、商贸流通、交通运输、金融服务、科技创新等，通过强化场景需求牵引，带动数据要素高质量供给、合规高效流通，培育新产业、新模式、新动能，充分实现数据要素价值，为推动高质量发展、推进中国式现代化提供有力支撑。

二 《暂行规定》解读

《暂行规定》是在已出台的有关数据要素市场化、数据法治化、数据基础制度建设等配套政策体系的基础上，通过针对数据资源制定专门规定，解决实务中对数据资源能否作为会计上的资产确认、作为哪类资产入表的疑虑，并明确计量基础。

（一）适用范围

《暂行规定》适用范围既包括企业按照企业会计准则相关规定确认为无形资产或存货等资产类别的数据资源；也包括企业合法拥有或控制的、预期会给企业带来经济利益，但不满足资产确认条件的数据资源。

（二）适用的准则

《暂行规定》明确了企业数据资源适用于现行企业会计准则，不改变现行准则的会计确认计量要求；符合《企业会计准则第 6 号——无形资产》（财会〔2006〕3 号，以下简称"无形资产准则"）规定的定义和确认条件的，应当确认为无形资产；企业日常活动中持有、最终目的用于出售的数据资源，符合《企业会计准则第 1 号——存货》（财会〔2006〕3 号，以下简称"存货准则"）规定的定义和确认条件的，应当确认为存货。同时，针对实务中反映的一些重点问题，《暂行规定》结合数据资源业务等实际情况进行了细化。

（三）列报与披露

《暂行规定》要求企业根据重要性原则并结合实际情况增设报表子项目，通过表格方式细化披露，并规定企业可根据实际情况自愿披露数据资源（含未作为无形资产或存货确认的数据资源）的应用场景或业务模式、原始数据类型来源、加工维护和安全保护情况、涉及的重大交易事项、相关权利失效和受限等信息，引导企业主动加强数据资源相关信息披露。

（四）施行时间及前后衔接

《暂行规定》自 2024 年 1 月 1 日起施行，企业应当采用未来适用法执行该规定。《暂行规定》是在现行企业会计准则体系下的细化规范，在会计确认计量方面与现行无形资产、存货、收入等相关准则是一致的，不属于国家统一的会计制度要求的变更会计政策，企业在《暂行规定》施行前已费用化计入当期损益的数据资源相关支出不再调整，即不应将前期已经费用化的数据资源重新资本化。

三　数据资源入表常规路径

普华永道会计师事务所提出，结合实操经验的数据资源入表"五步法"包含合规与确权、有效治理与管理、经济利益分析、成本合理归集与分摊，以及列报与披露五个步骤。

（一）第一步：合规与确权

《暂行规定》的适用范围强调"合法拥有或控制"的数据资源，与中国陆续出台的一系列数据产权制度相协调。由此可见，数据资源的合规与确认是数据资源入表的首要步骤。

1. 数据合规梳理

企业应遵循现行有效法律、行政法规和规范性文件，从数据来源、数据内容、数据处理、数据管理及数据经营等五个主要维度对待入表的数据资源进行梳理，查缺补漏，建立企业数据资源合规管理机制，确保数据资源的合法、合规。

2. 数据授权梳理

完善的数据资源授权链条是企业数据资源入表的前提。在数据资源入表前，企业应基于数据资源来源，梳理其完整授权链条。如企业自行采集个人数据时，应获得数据主体的恰当授权；企业采购个人数据时，应获得数据供应商或数据主体的恰当授权。同时，企业应建立数据资源权属监督管理机制，日常关注数据资源的权属变更情况，如企业获取的数据授权存在期限，应在资产使用寿命估计中予以合理反映和披露。

（二）第二步：有效治理与管理

企业会计准则有关资产确认的两个条件包括：第一，相关经济利益很可能流入企业（一般认为相关经济利益流入的可能性应大于50%）；第二，相关成本能够可靠地计量。上述两个条件看似简单，实则企业建立相对完善的数据治理和管理流程之后才有机会实现。

第一，数据资产体系：建立顶层的数据资产管理体系，明确各方职责、建立数据资产相关标准和机制，以有效承接与推动数据资源入表工作，同时数据资产管理也应与企业自身的数据管理体系充分结合。

第二，数据资源目录：建立企业级数据资源目录，盘点具有经济利益的数据资源，通过目录、标签化、元数据属性等准确描述数据资源，为后续估值与会计计量提供基础。

第三，数据资产账户：对于数据资源丰富、价值含量高、可精细化管理的企业，建议开设数据资产账户，引入内部分户账，有效管理数据资源持续开发、应用、内外部流通带来的账面价值变化。

第四，数据资产血缘分析：为了有效支持后续数据资产成本法、收益法的不同价值分摊，实现数据资产视角的业财精细化管理，精确衡量数据资产的投产比等，应加强重要数据资产的血缘分析能力，形成准确的数据资产血缘图谱。

第五，数据资源运营：以数据资源入表与披露为抓手，形成企业级的数据资源内外双循环的运营能力，从财务资产视角推动各业务和技术部门的数据资源运营，让数据资源运营的成果真正与企业财务表现挂钩，成为业务数字化建设的催化剂。

（三）第三步：经济利益分析

如前所述，资产确认条件之一是相关经济利益很可能流入企业（一般认为相关经济利益流入的可能性应大于 50%）。在数据资源预期经济利益的可行性分析层面，建议结合企业不同的数据资源分类、业务交互需求和商业应用场景（数据产品和服务）分类，通过建立企业内部数据资源业务经济价值评价体系，采用货币化度量业务应用场景价值与数据资源取得成本的方式，开展对相关数据资源经济价值的衡量、数据资源投入产出效益的评价，夯实经济利益的分析基础。企业内部常态化的数据资源业务经济价值评价也将助力企业数据资源价值显化，进一步为企业日益频繁的数据产品化、服务化定价提供相应的输入支撑。

（四）第四步：成本合理归集与分摊

数据资源的成本不仅包含外购过程中发生的购买价款、相关税费，还可能包括数据合规成本、治理成本、权属鉴定成本、登记成本以及需要分摊的间接成本等。数据资源典型的特征是伴生性，如何进行合理的成本分摊以确保数据资源成本的完整性是当前的实务难点。在数据资源相关成本归集与分摊过程中，企业业务运营成本与数据资源成本往往难以明确区分，例如，信息系统在支撑主业经营的同时，也产生经营数据，业务支撑成本与数据资源成本难以进行界定和区分。

如果企业期望实现数据资源入表，则必须满足"成本能够可靠地计量"

的前提条件。企业需要提前规划，结合上述"五步法"中第二步所介绍的数据资源"有效治理与管理"，通过数据资产的血缘分析，形成准确的数据资产血缘图谱，厘清数据资产化过程所占用的企业资源，配套建立统一、合理的数据资源的成本归集与分摊机制，并最终通过信息化途径进行落地。

（五）第五步：列报与披露

《暂行规定》要求企业根据重要性原则并结合实际情况增设报表子项目，通过表格方式细化披露。《暂行规定》对于入表的数据资源的一般性强制披露要求与现有无形资产准则和存货准则要求基本一致。此外，《暂行规定》还提出企业可根据实际情况自愿披露数据资源的应用场景或业务模式、原始数据类型来源、加工维护和安全保护情况、涉及的重大交易事项、相关权利失效和受限等信息，引导企业主动加强数据资源相关信息披露。

新增披露要求虽然会给企业带来一定的披露成本，但是适当的披露有利于将企业已经费用化的数据投入显性化，将企业的隐性价值可视化、透明化，有利于驱动企业价值的提升。此外，对数据资源评估的估值参数、假设与模型的披露要求，也将倒逼企业建立更加精细的内部管理流程，帮助企业厘清数据资源价值的构成、来源和实现方式。

四　数据资产化实践现状

自"数据二十条"、《暂行规定》、《三年行动计划》等一系列国家政策发布以来，数据资产化成为推动数字经济发展的关键动力。各级政府、学术界和产业界积极响应，进行了大量的探索和实践，共同推进数据资产化稳步发展。

（一）企业数据资产化整体情况

政府部门出台了相关政策规划，如财政部的《关于加强数据资产管理的指导意见》，为数据资产化提供了政策支持。同时，高校和科研机构积极开展数据资产化的研究，如贵州东方世纪科技股份有限公司利用数据资产进行"抵押"，获得贵阳农商银行的"数据贷"。

企业层面，数字化转型成为推动数据资产化的重要途径。大中型企业通过建设企业级数据库、大数据分析平台等基础设施，加快数字化进程。例如，青岛华通智能科技研究院有限公司、青岛北岸数字科技集团有限责任公司、翼方健数（山东）信息科技有限公司在全国率先开展数据资产作价入股签约。

在人才培养方面，企业注重数字化技能人员的储备和培养，以支持数据资产化的发展。此外，企业结合行业特点，挖掘数据资源价值，拓展应用场景。例如，浙江五疆科技发展有限公司作为桐乡市数据资产化先行先试企业，已实现工业互联网数据资产化案例的落地。

数据资源入表：据澎湃新闻报道，2024年第一季度，A股共有18家上市公司在资产负债表中披露了"数据资源"，涉及总金额1.03亿元。

数据资产质押融资贷款：贵州东方世纪科技股份有限公司通过数据资产"抵押"获得贵阳农商银行的"数据贷"，金额为1000万元。

无质押数据资产增信贷款：深圳微言科技有限责任公司通过中国光大银行深圳分行授信审批，成功获得无质押数据资产增信贷款，额度1000万元。

数据信托产品交易：广西电网有限责任公司与中航信托股份有限公司等签署数据信托协议，完成首笔电力数据产品登记及交易。

数据知识产权的证券化产品：杭州高新金投控股集团有限公司发行了全国首单包含数据知识产权的证券化产品，发行金额1.02亿元。

数据资产作价入股签约：青岛华通智能科技研究院有限公司等进行了全国首例数据资产作价入股签约。

这些案例和数据展示了数据资产化在不同领域的应用和实践成果，体现了数据资产化在推动企业数字化转型和数字经济发展中的重要作用。随着政策的进一步落实和企业实践的深入，数据资产化将在未来创造更多的价值和机会。

（二）重点行业先行先试

金融行业和通信、媒体与科技行业在数据资产化实践中表现突出。这些行业的企业通常拥有较为成熟的数字化基础设施和完善的数据资源体系。例如，中国民生银行在年报中提出将跟踪数据要素化发展趋势，探索数据资源入表，并发布《中国民生银行数据战略（2023—2025年）》，明确了数据资产化的目标和任务。

互联网和软件开发等对数据依赖程度较高的行业，依托其较高的数字化程度和完善的数据资源体系，积极推动数据资源入表。这些行业的企业在数据资产化实践中进程较快，如北京易华录信息技术股份有限公司在年报中提出"以数据要素资产化全流程服务为主线构建业务体系"，面向政府和企业提供数据要素资产化全流程服务。

与此同时，一些传统行业企业也在逐步加快数字化转型步伐。这些企业目前已拥有一定的数字化基础设施，并不断加大数据资源体系建设投入力度。例如，中交设计咨询集团股份有限公司、湖北平安电工科技股份公司和山东高速集团有限公司等传统行业企业在数据资源入表方面取得显著成果，显示出传统行业在数据资产化发展进程中的巨大潜力。

随着数字化转型的不断深入，未来将有更多的行业加入数据资产化的实践中，共同推动数字经济的高质量发展。

（三）企业数据资源入表具体实施路径仍在探索

在过去的数据资源入表实践中，很多企业遇到大量实务处理问题，并针对这些问题展开了广泛的探讨。

首先，大多数企业持有的数据来源众多、类型繁杂，如何明确数据权属，如何保证数据来源、内容、处理等方面的安全合规性。很多企业在生产过程中产生了海量的数据，但是其中包含大量的无效、冗余数据，数据质量不高，如何通过有效治理手段实现数据资源化。

其次，数据资产价值更多依赖于内部赋能和外部商业化等不同的应用场景，如何量化评估相关数据资产经济价值，判断预期经济利益是否有可能流入企业。

最后，很多企业在数据资源收集、加工、存储、管理等阶段产生了相关成本，如何进行合理的成本归集和分摊，数据资源的支出是属于经营活动、研究活动还是开发活动，开发阶段支出是否满足资本化条件。在数据资产的后续计量过程中，如何合理确定资产摊销年限，如何判断是否存在减值迹象。

（四）数据资源的场景开发和价值挖掘不断深入

调查显示，在国内市值最大的 2500 家上市企业中，近一半的企业在数据创新语境下提及数据,表明企业倾向于向公众披露如何利用数据发掘创新机会。①

在数据资源内部赋能方面,应用场景的开发程度相对较高,尤其是《三年行动计划》发布以来,越来越多的企业深入挖掘数据要素价值,从成长性、创新性、可持续性、可推广性四个维度开发企业特有的数据应用模式和场景。例如,在"数据要素×工业制造"领域,部分企业融合实验、仿真等相关数据,提升研发质量和效率,缩短研发周期;利用各种生产数据,提高生产效率和产品质量,优化成本结构,实现生产流程优化和工艺技术创新;利用客户和供应商数据,优化生产和销售决策;等等。再如,在"数据要素×现代农业"领域,一些农业企业利用气象环境、种植、养殖等相关数据,实现种植业精准施肥、作物长势分析、气象虫害智能监测,养殖业精准环控、智能饲喂、智能巡检、智能育种等农业作业方式创新。

在数据资源外部商业化方面,因数据合规安全、商业秘密保护等限制,很多企业将数据资源产品化,实现数据资产变现存在一定难度。但是,对未来可实现的商业模式依然展开积极探索,不断挖掘潜在市场和目标客户,寻找数据要素市场定位。

五 未来展望:数据财政3.0

在传统经济体系中,地方政府通过土地出让收入和相关税费支持了基础设施建设和公共服务供给。然而,随着数字经济的发展,数据资产化逐渐成为新的经济增长点。② 清华大学技术创新研究中心经过潜心研究,提出数据财政3.0这一全新模式,总结出数据财政从1.0到3.0的演进框架,为数据财政的发展描绘了清晰的蓝图。

依托于土地资源的有限性和不可再生性,土地出让收入和相关税费为地方政府提供稳定的财政收入。这种模式在过去几十年的城市化进程中发挥了重要作用,但也带来了资源过度集中、房价上涨等问题。与此不同,数据财政3.0

① 普华永道:《2023普华永道中国首席数据官调研》,2023。
② 普华永道:《2023普华永道中国首席数据官调研》,2023。

则基于数据资源的可再生性和无限潜力，通过数据市场化、产业化、资产化获取收益。[1] 数据财政的核心在于数据资产的初始积累和价值创造，通过建设数据资产和金融市场，实现数据财政收入的规模增长。

（一）数据财政的发展阶段

投资建设期（1.0阶段）：在数据财政的起步阶段，重点在于形成数据资产和发展大数据技术，为数据财政奠定坚实的基础。

运营发展期（2.0阶段）：2.0阶段的目标是打造全国统一的数据大市场，构建0级资源市场和1级商品及服务市场，实现数据要素和资源的流通与交易。尽管两级市场尚在培育之中，未形成规模化，需要财政资金的持续投入，但通过扩大融资渠道和推动政策施行，可以加速市场化、产业化和资产化进程，促进数据资产的积累。

增值回报期（3.0阶段）：3.0阶段标志着数据财政的成熟，建设2级资产与金融市场，将数据资产与金融服务紧密结合。此阶段的核心在于构建全社会的数据资产化价值体系，完成政府、企业和个人的数据资产初始积累。

（二）数据财政3.0的发展模式

市场化配置：落实数据要素市场化配置改革任务，形成有关数据产权、流通、分配、安全的基本制度，推动数据供给的市场化。

金融化创新：推动数据资产的金融化，通过金融市场为数据资产提供更多的投资和融资渠道。

产业化融合："数据要素×人工智能"的产业化，将数据与先进的人工智能技术结合，形成新的产业增长点。

普惠化发展：实现数据财富的普惠化，确保数据财政的收益能够惠及更广泛的社会群体。

地方实践：探索地方数据财政收入规模化、可持续增长的新方式，形成可复制、可推广的试点样本。

数据财政3.0的提出，为数据资产化提供了清晰的发展方向。数据财政

---

[1] 李纪珍、钟宏等编著《数据要素领导干部读本》，国家行政管理出版社，2021。

3.0更加注重数据资源的可持续利用和价值创造，有望成为支持数字经济发展的新引擎。面对数据财政3.0的挑战与机遇，需要政府、企业和社会各界的共同努力，以实现数据财政的可持续发展和数字经济的繁荣。

六 相关建议

随着国家支持性政策的不断出台，越来越多的行业如智能制造、商贸流通、交通物流、金融服务、医疗健康等加入数据应用场景拓展行动中，这为数据资产化提供了更多可能。随着数据资源化、资产化、资本化进程的不断加快，数据交易平台和市场规则的不断完善，数据的流通、交易、共享和协作将变得更加便捷和高效，这将有助于打破数据孤岛，促进数据资源的优化配置和高效利用。[①]

在这样的数据环境下，企业要抓住机遇，积极应对挑战，将数据资产化作为战略重点，从提升治理能力、强化数据价值挖掘、推动数据资源交易等方面，把握时代机遇，以在激烈的市场竞争中保持领先优势；同时，相关政府机构加强对数据交易市场的监管和规范，鼓励企业数据资源的对外披露，进一步加强数据资产化指引，持续关注企业数据质量，数据的合规性、安全性和隐私保护。

（一）推动企业数据资产化进程的建议

1. 制定数据资产化战略

建议企业制定数据资产化战略，确保与企业整体战略规划匹配。明确数据资产化的目标、实施路径，制定包含里程碑的数据资产化时间表。通过员工培训，形成数据驱动的文化氛围。

2. 加快数据资产化体系建设

建立数据治理组织：建议企业建立数据管理机制，由治理层牵头，成立专门的数据治理团队或委员会，负责数据资产化工作的统筹、协调和监督。

制定数据管理制度：建立完善的数据管理制度和规范，包括立项审核、数据资产化验证、成本归集与分摊、项目结项后的评价制度。

---

① 李纪珍、钟宏等编著《数据要素领导干部读本》，国家行政管理出版社，2021。

进行数据治理：建议企业通过数据资源盘点，厘清数据资源血缘关系，进行数据资源相关成本匹配；加强日常经营数据的分析，挖掘数据资源应用场景，进行数据资产化价值评价。

提升数据质量：建立数据资产化规范提升数据质量，建立数据质量标准和评价机制，定期进行数据质量检查，确保数据的准确性、完整性和一致性。

引进先进技术，培养数据人才：强化数据价值挖掘，通过积极引进大数据、人工智能等先进技术，提升数据分析和挖掘能力，发现数据中的潜在价值；培养专业人才，建立具备数据分析、挖掘和创新能力的专业团队；基于数据洞察，推动业务创新和服务升级，提升企业的市场竞争力和客户满意度。

3. 拓展数据应用的广度和深度

进行跨行业合作：与其他行业的合作伙伴进行数据共享和交换，以发现新的价值点和商业模式；参与行业数据平台或联盟，共同构建更广泛的数据生态系统。

推动上下游企业合作：与产业链上下游企业合作，共同挖掘数据应用场景，构建商业生态系统，实现价值共创和利益共享。

关注数据交易信息：通过深入了解数据交易市场的规则、标准和交易方式，为参与数据交易做好准备；与数据提供商、交易平台等合作伙伴建立紧密的合作关系，共同推动数据交易。

与监管机构保持沟通：持续关注国家数据资本化政策，及时了解政策动向和监管要求，积极响应各项相关政策，争取政府支持，为数据资产化提供有力保障。

通过上述建议，企业将持续跟进市场与行业的发展趋势，通过积极调整自身战略和业务模式，更好地把握市场机遇，积极拥抱新技术和新模式，以实现估值重塑。企业估值不仅基于当前的财务状况和业绩表现，还考虑未来的成长潜力和市场想象空间。因此，企业将构建有说服力的数据故事，为投资者和市场提供更全面的信息，从而提升企业价值，增强企业吸引力。进行数据资源应用场景的梳理及确认，可以将开发投入资本化，从而为企业利润做出贡献。

（二）对相关监管部门的建议

1. 进一步鼓励企业加强数据资源的对外披露

财政部发布的《暂行规定》以强制披露与自愿披露相结合的方式推进数

据资源入表，并对数据资源的披露内容和方式做出规定。一方面，《暂行规定》的出台在一定程度上解决了企业数据资源入表的疑虑，并推动了数据要素在企业财务报表中的价值体现。另一方面，目前仍有很多企业包括大量上市公司尚未积极坚定地参与到数据资源化、资产化、资本化的进程中。因此，建议财政部等部门将进一步鼓励企业加强数据资源的对外披露作为突破口之一，制定配套鼓励政策，从而令具备一定数据要素价值潜力的企业也愿意披露自身在数据资源开发、数据资产确认等方面的实践情况。

2. 进一步明确重点行业数据资源入表可行路径，并加强指引

政策层面目前对数据资源入表的指引仍在稳步探索和试点推进阶段，虽然《暂行规定》就企业数据资源入表提供了一些框架性指引，但是相关政策依然没有提供可供指导实践的路线图。建议结合国家数据局关于数据要素的主要工作方向，本着先行先试的逻辑，针对其中的重点行业进一步明确数据资源入表关键工作及具体路径，形成带头作用，令更多的行业和企业可以有的放矢地开展数据资源入表工作。

3. 在进一步明确数据资产价值评估标准的基础上，融入对数据质量及安全合规的评估实施标准

中国资产评估协会发布的《数据资产评估指导意见》已前瞻性地对数据资产评估方法及需要注意的问题进行了阐述和说明。因此，可结合近期实践，进一步明确数据资产价值评估标准，并考虑数据质量及安全合规对数据资产价值评估的影响，形成对数据资产价值评估的具体指引，包括科学规范的操作流程、合理统一的技术标准以及配套的市场监管要求，引导建设高要求、高标准、可执行的数据资产价值评估体系，推动数据资产价值评估市场高效有序发展。

总　结

在数字化转型的浪潮中，数据资产化不仅标志着企业财务报表上的一次变革，更是企业战略转型和创新发展的关键所在。从狭义的视角看，数据资产化是数据资源在财务报表中的体现，这一过程涉及对数据资源的精确盘点和管理的系统变革。而从广义角度审视，数据资产化是企业数据资源开放、深化和价

值释放的必由之路，它要求企业从成长性、创新性、可持续性三个维度出发，探索和发展具有自身特色的数据资源应用模式和场景，构建符合企业特点的数据资源全生命周期管理策略。

随着《企业数据资源相关会计处理暂行规定》和《"数据要素×"三年行动计划（2024—2026年）》等的相继出台，产学研各界在数据资产化的理论研究和实践探索方面取得显著进展。企业不仅在深化数据资源体系建设方面取得突破，更在数据资源入表的具体实施路径和数据要素价值挖掘上进行了深入探索。

展望未来，随着国家及地方政府发布更多政策指引，以及企业数据资产化实践不断深入，数据资源化、资产化、资本化的进程将日益加快。这将推动各行各业数据资源的内部循环和外部流通，促进数据要素价值的深度挖掘和数据的广泛应用。可以预见，数据要素价值的释放将对企业乃至整个产业链产生深远的影响，成为推动经济高质量发展的新引擎。在此过程中，企业需要不断优化数据资产管理，加强数据治理，确保数据的安全、合规使用，从而在新时代中赢得竞争优势，实现可持续发展。

B.7
2023~2024年数据资产入表研究报告

钟 玮 宋迎悦*

摘 要: 本报告从数据治理、数据资源与数据资产的概念界定入手,探讨了三者之间的关联性,对数据资产入表的现行政策进行了分析,并结合中国A股上市公司2024年第一季度数据资源披露情况,提出企业数据资产入表的应对重点,强调梳理数据资源目录、完善数据治理体系,明确数据资源产权、规避数据合规风险,确定资产评估方式、测算数据资产价值,确定成本分摊方式、优化收益分配模型的重要性,为企业数据资产入表提供参考。

关键词: 数据资源 数据资产 数据治理 数据资产入表

一 数据治理、数据资源与数据资产

关于数据经济价值与社会价值的实现,中国在政策层面上经历了循序渐进的过程。2017年12月,习近平总书记在中共中央政治局第二次集体学习时提出,"要制定数据资源确权、开放、流通、交易相关制度,完善数据产权保护制度"①,数据在中国经济发展中的重要作用逐步落实到政策层面;2019年11月,数据首次作为生产要素出现在中央文件中,并于2020年被列为与土地、劳动力、资本和技术等传统生产要素并列的第五大生产要素;2023年8月,财政部发布《企业数据资源相关会计处理暂行规定》(以下简称《暂行规定》),标志着中国率先在会计制度层面提出数据资产入表,数据实现了由资

---

* 钟玮,会计学博士,中国财政科学研究院副研究员,主要研究方向为会计准则、预算管理等;宋迎悦,中国财政科学研究院硕士研究生,主要研究方向为数据资产。
① 《习近平主持中共中央政治局第二次集体学习》,中国政府网,https://www.gov.cn/guowuyuan/2017-12/09/content_ 5245520. htm。

源向经济资产的跨越；2024 年 3 月，《政府工作报告》将数字经济作为发展新质生产力的重要内容，数据要素的乘数效应以及在新旧动能转换中的独特作用得到充分认可。

政策层面上对数据的探索，叠加经济层面上高质量发展对新质生产力的需求，引导理论与实务界针对数据价值挖掘与呈现展开了一系列研究与实践，形成承接历史研究脉络、贴合中国数字经济发展现状的概念体系与分析框架。2024 年是中国企业数据资产入表的开局之年，作为数据资产领域率先发布的一般性的会计准则，财政部发布的《暂行规定》采用审慎性态度，以"数据资源"作为准则界定的对象、框定企业数据要素价值化的范畴，而学界的相关研究与实务界的实践探索则以"数据资产"作为分析对象，因此，企业在进行后续会计处理时首先应明确数据治理、数据资源与数据资产的内涵、边界与关联性。

（一）数据治理的界定与作用

数字经济的高质量发展离不开数据要素乘数效应的发挥，数据要素价值的充分释放离不开数据治理体系的健全。根据国际数据管理协会（DAMA）给出的定义，数据治理是对数据资产管理行使权力和控制的活动的集合，包括计划、监控和执行等。

在目标维度，数据治理承载了数据要素化、数据价值化的重要使命，架起了"数据—数据资源—数据资产"的价值转换与跃迁桥梁，数据资源需要经历数据治理的过程，才能实现向会计学意义上的数据资产的转化。[①] 数据治理，一方面能够通过对数据质量的标准化管理使数据的价值形态由最初相对无序的原始数据逐步筛选进化为具有经济价值的数据资产，另一方面能够依托数据管理的规范化体系明确数据生产与应用活动中的权责划分、业务流程、风险管理与绩效考评，降低企业数据管理与数据应用成本。因此，数据治理也是企业数字化转型的重要抓手。在构成维度，数据治理包含治理对象、治理范围、治理过程三个关键要素，数据治理对象包括数据及其衍生出的信息化系统，治理范围包括数据质量管理、数据安全保障、数据权属界定、数据基础设施建设

---

① 侯彦英：《数据资产会计确认与要素市场化配置》，《会计之友》2021 年第 17 期。

等多个方面，治理过程围绕数据需求、采集、传输、加工、清洗、筛选、应用等环节展开，通过形成完善的数据治理体系实现数据资产有效管理，充分挖掘数据价值。在价值维度，数据治理能够满足不同主体的多样化需求，政务、公共或社会数据治理能够有效提升公共服务水平与能力，推动国家治理体系和治理能力现代化；企业数据治理能够将海量信息或数据转化为有价值的数据产品，既能辅助内部决策，形成自身竞争优势，也能满足客户或消费者的多元需求，获得经济社会效益。

（二）数据资源、数据资产概念辨析

数据资源与数据资产是一组存在部分内涵重叠、边界逐渐收窄的相近概念，分别代表着数据要素流通价值链的不同阶段。目前中国在政策层面尚未对数据资源、数据资产等概念进行明确界定，上海数据交易所在《数据资产入表及估值实践与操作指南》中提出"数据资产化三部曲"，即数据资源化、资源产品化和产品资产化。

数据是对客观事物原始的、未经加工的记录。2021 年 9 月起施行的《中华人民共和国数据安全法》将数据定义为"任何以电子或其他方式对信息的记录"。由定义可知，数据体量庞大、种类多样，并非每一条都具有经济或社会价值，企业需要对原始数据进行脱敏、清洗、整合、分析等加工归集以形成数据资源，数据资源化也是数据使用价值释放的起点。总体而言，数据资源指对企业或其他组织具有潜在价值，预期加工后能够为组织带来价值但尚未实现价值化的数据；数据资源是原始数据归集、筛选与识别后形成的，已具备数据资产雏形，能够参与社会生产活动，结合财政部《暂行规定》的适用对象，未被确认为无形资产或存货这两种资产形态的数据资源，若能够为企业带来经济利益，也应当进行相应的会计处理与披露。

数据资产的概念随着经济与技术的发展发生了较大变化。1974 年，Richard Peterson 最早提出数据资产的概念，将其定义为可证券化的金融产品，包括持有的政府债券、公司债券和实物债券等，与现在探讨的数据资产并非同一概念。在数字经济蓬勃发展的 21 世纪，数据资产则主要从会计意义与经济价值上进行定义，国内学者对数据资产的定义多基于国际会计准则理事会（IASB）关于资产的定义，唐莉和李省思、秦荣生均认为，根据资产定义，数

据资产是由企业过去的交易和事项形成的，为企业拥有或控制，能够为企业带来经济利益的数据资源。[①] 2023 年 1 月，大数据技术标准推进委员会在《数据资产管理实践白皮书（6.0 版）》中将数据资产定义为"由组织（政府机构、企事业单位等）合法拥有或控制的数据，以电子或其他方式记录，例如文本、图像、语音、视频、网页、数据库、传感信号等结构化或非结构化数据，可进行计量或交易，能直接或间接带来经济效益和社会效益"。数据资产具有资源的天然属性与资产的经济属性，是对符合会计准则资产定义的数据资源进行资产化的结果，需要满足可变现、可控制、可量化等确认条件。

（三）数据治理、数据资源与数据资产的关联性

结合上述概念界定，数据治理是数据要素价值实现的行为过程，数据资源、数据资产是数据要素价值链中不同阶段的价值形态，数据资源化及数据资产化均离不开数据治理的参与（见图1）。庞杂的原始数据想要实现"数据—数据资源"的第一步跨越，首先需要确定数据是真实可用的，一是对原始数据进行识别，确保数据是在生产经营活动中真实采集或整合形成的，并通过数据质量管理对数据进行清洗、校核与修复；二是对数据潜在价值进行判定，预

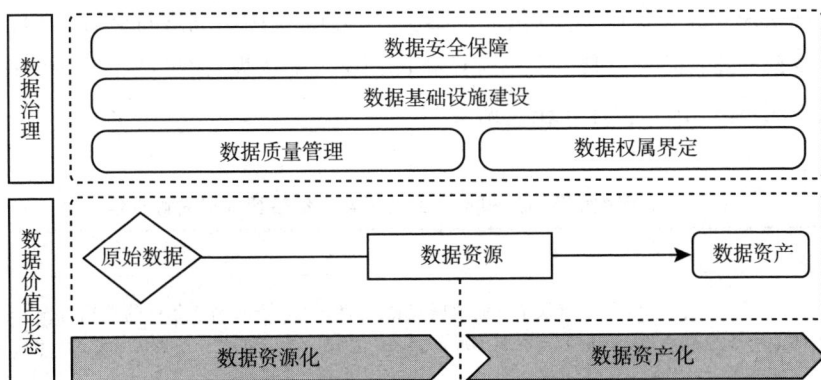

图 1 数据治理与数据价值形态

[①] 唐莉、李省思：《关于数据资产会计核算的研究》，《中国注册会计师》2017 年第 2 期；秦荣生：《企业数据资产的确认、计量与报告研究》，《会计与经济研究》2020 年第 6 期。

估数据是否能够辅助企业进行内部决策或对外提供服务，具有一定的使用价值。实现"数据资源—数据资产"的价值跨越则还需对数据资源可控性、可收益性、可量化性进行判断，一是数据资源产权清晰，应当明确是企业拥有或控制的，不具有法律风险；二是数据资源预期能够为企业带来经济利益，即能够实现使用价值向价值的跃迁；三是数据资源的成本或价值可量化，即有相对明确、参与方赞成的成本分摊方式与数据资产定价体系。

二　数据资产入表政策

（一）中国数据资产会计政策演进

2022 年 12 月，财政部办公厅印发《企业数据资源相关会计处理暂行规定（征求意见稿）》（以下简称《征求意见稿》），未针对数据资产创建新的会计科目、构建新的会计准则，而是将现行的工业经济主导下的会计准则体系向数字经济迁移延伸，为后续数据资产会计政策奠定基调。《征求意见稿》基于数据资源应用场景在会计处理上采用"二分法"，提出无论是企业外购还是自行加工形成的数据资源，若为企业内部使用且符合无形资产定义与确认条件，应当确认为"无形资产"，并按照无形资产准则应用指南①进行会计处理；若用于外部交易且符合存货定义与确认条件，应当确认为"存货"，并按照存货准则应用指南②进行会计处理（见表 1）。

表 1　《征求意见稿》中不同业务场景下数据资源的会计处理

	外购	自行加工
内部使用	符合无形资产确认条件的数据资源，确认为外购的数据资源无形资产，计入"无形资产"科目	符合无形资产确认条件的数据资源，确认为自行加工的数据资源无形资产，计入"无形资产"科目

---

① 指《〈企业会计准则第 6 号——无形资产〉应用指南》（财会〔2006〕18 号）。

② 指《〈企业会计准则第 1 号——存货〉应用指南》（财会〔2006〕18 号）。

续表

	外购	自行加工
外部交易	符合存货确认条件的数据资源,确认为外购的数据资源存货,计入"存货"对应科目	符合存货确认条件的数据资源,确认为自行加工的数据资源存货,计入"存货"对应科目

资料来源:根据《企业数据资源相关会计处理暂行规定(征求意见稿)》整理。

2022 年 12 月,中共中央、国务院印发《关于构建数据基础制度更好发挥数据要素作用的意见》(以下简称"数据二十条"),提出"探索数据产权结构性分置制度",并明确建立数据资源持有权、数据加工使用权、数据产品经营权"三权分置"的产权运行机制。2023 年 8 月,财政部发布《企业数据资源相关会计处理暂行规定》,在 2022 年 12 月的《征求意见稿》基础上主要做了两大改动:一是结合数据权属细化不同业务模型下的数据资产会计处理方式,结合"数据二十条"中数据产权结构性分置制度将数据资源应用场景划分为企业内部使用、对外提供服务、日常持有以备出售,对于企业内部使用、对外提供服务的数据资源,符合无形资产准则①的确认为无形资产,并按照无形资产准则应用指南进行会计计量,在资产负债表中列示为"无形资产——数据资源",对于日常持有以备出售的数据资源,如果符合存货准则②,则确认为存货并按照存货准则应用指南进行会计计量,在资产负债表中列示为"存货——数据资源";二是在对外提供服务的场景中考虑了因不满足现有资产确认条件而未被确认的数据资源,提出企业利用未被确认为无形资产的数据资源对外提供服务时,按照收入准则③确认相关收入,符合有关条件的应当确认合同履约成本,这也表明财政部《暂行规定》的适用对象为数据资源而非数据资产,能够在数据资产入表初期相对审慎、真实地体现企业数据要素价值(见表2)。

---

① 指《企业会计准则第 6 号——无形资产》(财会〔2006〕3 号)。
② 指《企业会计准则第 1 号——存货》(财会〔2006〕3 号)。
③ 指《企业会计准则第 14 号——收入》(财会〔2017〕22 号)。

表 2　《暂行规定》中不同业务场景下数据资源的会计处理

		外购	自行加工
企业内部使用		符合无形资产确认条件的数据资源,确认为外购的数据资源无形资产,计入"无形资产"科目,资产负债表中无形资产下增设"其中:数据资源"二级项目	符合无形资产确认条件的数据资源,确认为自行加工的数据资源无形资产,计入"无形资产"科目,资产负债表中无形资产下增设"其中:数据资源"二级项目
对外提供服务	利用确认为无形资产的数据资源对外服务	将无形资产的摊销金额计入当期损益或相关资产成本,同时按照收入准则确认相关收入	
	利用未被确认为无形资产的数据资源对外服务	按照收入准则确认相关收入,符合有关条件的应当确认合同履约成本	
日常持有以备出售		符合存货确认条件的数据资源,确认为外购的数据资源存货,计入存货相关的会计科目,资产负债表中存货下增设"其中:数据资源"二级项目	符合存货确认条件的数据资源,确认为自行加工的数据资源存货,计入存货相关的会计科目,资产负债表中存货下增设"其中:数据资源"二级项目

资料来源:根据《企业数据资源相关会计处理暂行规定》整理。

(二)中国数据资产入表政策解读

《暂行规定》自 2024 年 1 月 1 日起施行,首次明确了数据资源会计政策的适用范围、会计处理标准以及信息披露要求等内容,并且采用未来适用法,对施行日之前已发生的数据资源相关业务的成本和费用不再进行追溯调整。《暂行规定》明确规定了企业数据资源相关会计处理方式,加强了企业对相关会计信息的披露,有利于活跃数据交易市场,推动数字经济健康发展。

对于企业而言,《暂行规定》发布后数据资源会计确认、会计计量和会计披露均有了明确的方向。首先,在会计确认环节,如前所述,企业应根据数据资源预期的应用场景与经济利益来源,即数据权属让渡方式对其进行分类。三类产权未转移或对外让渡使用权的数据资源,符合无形资产准则的确认为无形资产,将企业内部使用和对外提供服务的数据资源归属于无形资产的合理性在于，该类数据资源具有的可辨认性、非货币性、非实体性与无形资产类似；形成过程与无形资产也存在相似性，开发至一定阶段后才能由原始数据质变为能够带来经济利益的数据资产，即开发成本经历费用化与资本化的过程；获利模式也与无形资产中的知识产权等有共同点。日常持有以备出售的数据资源则是数据产品经营权的适用载体，该类数据资源符合存货准则的确认为存货，合理性在于企业让渡数据产品所有权的过程与对外出售有形商品的商业模式相似，收益方式均为通过放弃对某项资产的控制权来获取经济利益流入，经济实质基本一致。

其次，在会计计量环节，无论是被确认为无形资产还是存货，企业对数据资产均应采用历史成本进行计量，主要原因在于当前数据资产价值评估体系尚不健全，加之全国统一且活跃有序的数据交易市场尚未形成，缺乏采用公允价值计量的必要条件，在决策有用观的理论基础上，历史成本计量能够相对真实地反映企业数据资产价值，更能满足使用者对于会计信息决策有用的要求。历史成本计量符合会计信息审慎性原则，契合当前数据交易与数据资产发展现状，但从数据资产特征角度来看仍存在一定的不足。部分数据资产具有价值增值性，后续可能会随着数据集体量与字段的增加而实现资产升值，以中国当前无形资产准则或存货准则中的历史成本计量难以体现升值情况，在后续计量过程中会导致部分企业资产价值被低估。按照《暂行规定》要求，符合无形资产准则的数据资源的研究开发成本在计入会计报表时应当区分研究阶段与开发阶段，研究阶段产生的成本进行费用化处理，并计入当期损益；开发阶段产生的成本进行资本化处理，计入数据资产成本。在进行后续计量时，企业应参照无形资产准则应用指南，结合数据资源业务模式、权利限制、更新频率、时效性及同类竞品等多维因素，区分出使用寿命有限的数据资产，使用寿命不确定的数据资产。使用寿命有限的数据资产受时效性影响，价值会随着持有年限的增长而减少，且后期价值衰减速度更快，建议企业采用年数总和法进行摊销，并在每期期末对数据资产进行价值测试；使用寿命不确定的数据资产持有期间无须摊销，只需在每期期末进行减值测试。符合存货准则的数据资产按照历史成本确定资产账面价值，后续在资产负债表日进行存货减值测试，依据存货账面价值与可变现净值孰低原则计提存货跌价准备，并结转至资产价值损失。但需注意的是，当前存货准则虽提及存货价值回升时可转回，但转回上限为存货跌价准备计提金额，即存货后续升值无法在资产账面价值中体现。

最后，在会计信息披露环节，《暂行规定》采用"表内披露+表外披露"的方式，在现有的无形资产、存货与开发支出科目下增设数据资源二级科目，并要求在财务报表附注中列示数据资源具体情况。此外，数据资源会计信息披露采用"强制+自愿"的模式，根据会计信息披露审慎性和相关性原则，要求强制披露对企业财务报表有重要影响的数据资源信息，其他相关信息企业可自行选择是否披露。具体来看，确认为无形资产的数据资源根据取得方式（外购、自行加工或其他方式取得），分别披露相应资产的期初、期末余额及报告期内变动情况，内部数据资源研究开发项目支出需区分研究阶段支出与开发阶段支出，此外还需披露数据资源无形资产的摊销期、摊销方法或残值的变更内容、原因以及对当期和未来期间的影响数。确认为存货的数据资源同样按照取得方式披露相应资产的期初、期末余额及报告期内变动情况，并披露主要的存货类别及相应金额，如原材料、在研产品等，以及计算数据资源存货成本所采用的方法。另外，还需披露数据资源存货可变现净值的确认依据、存货跌价准备的计提方法、当期计提的存货跌价准备的金额、当期转回的存货跌价准备的金额、计提和转回的有关情况等财务报表相关信息。对于数据资源应用场景、价值创造方式、与应用场景相关的宏观经济和行业领域前景，形成数据资源的原始数据信息，企业数据资源加工维护、安全保护、人才与技术持有和投入情况，以及数据资源应用情况等信息，企业自愿披露，不做强制要求。

三　上市公司数据资产入表情况分析

根据《企业数据资源相关会计处理暂行规定》，在2024年一季报中披露数据资源的上市公司数量达到25家（见表3），且均按照成本进行初始计量和后续计量。因一季报总体披露信息有限，且未经过审计，大部分企业并未说明本期新增或重分类的数据资源的具体情况。金龙汽车、喜临门等公司在披露后做了差错更正，总体来看，执行《暂行规定》的强制性要求后，多数上市公司对数据资产入表保持谨慎。

表3 2023年和2024年第一季度A股上市公司数据资源披露情况

单位：万元，%

证券简称	2024年一季报				2023年年报				数据资源金额变化
	入表项目	入表金额	占入表项目比例	占总资产比例	入表项目	入表金额	占入表项目比例	占总资产比例	
海天瑞声	存货	689.68	100.00	0.84	存货	454.43	100.00	0.55	235.25
金龙汽车	存货	58427.28	20.63	2.15	存货	62759.38	28.26	2.38	-4332.10
山东钢铁	存货	1736.31	0.29	0.03	存货	27.91	0.01	0.00	1708.40
喜临门	存货	1416.26	1.39	0.16	存货	1682.08	1.62	0.19	-265.82
中闽能源	存货	4187.96	100.00	0.36	存货	3196.56	100.00	0.28	991.40
中信重工	存货	71629.11	16.21	3.95	存货	60682.38	13.27	3.31	10946.73
佳华科技	开发支出	171.13	100.00	0.15	未披露				
开普云	开发支出	296.20	18.45	0.15	未披露				
美年健康	开发支出	545.98	19.28	0.03	未披露				
南钢股份	开发支出	102.29	100.00	0.00	未披露				
拓尔思	开发支出	628.00	3.10	0.17	未披露				
浙江交科	开发支出	24.00	100.00	0.00	未披露				
博敏电子	无形资产	181.76	1.83	0.02	未披露				
航天宏图	无形资产	1717.25	28.15	0.27	未披露				
恒信东方	无形资产	2460.33	16.97	1.29	无形资产	2600.00	16.66	1.35	-139.67
开普云	无形资产	141.77	10.68	0.07	未披露				
每日互动	无形资产	1283.69	7.22	0.69	未披露				

续表

证券简称	2024 年一季报				2023 年年报				数据资源金额变化
	入表项目	入表金额	占入表项目比例	占总资产比例	入表项目	入表金额	占入表项目比例	占总资产比例	
南钢股份	无形资产	15.18	0.00	0.00	未披露				
平安电工	无形资产	78.33	1.10	0.04	无形资产	86.01	1.20	0.07	-7.68
青岛港	无形资产	25.85	0.01	0.00	未披露				
山东高速	无形资产	36.48	0.00	0.00	未披露				
中交设计	无形资产	38.28	0.12	0.00	未披露				
中文在线	无形资产	44.91	0.13	0.03	无形资产	45.75	0.14	0.02	-0.84
中远海科	无形资产	902.06	54.90	0.32	无形资产	925.39	53.87	0.30	-23.33
卓创资讯	无形资产	940.51	26.74	0.96	未披露				

资料来源：沪、深交易所上市公司财报。

四　企业数据资产入表应对重点

数据资产入表是数字经济发展的关键一步，也是激发数据要素活力的初始一步，而从会计准则到财务报表对于企业而言是机遇也是挑战，结合数据资源确认为数据资产需满足的可用性、可控性、可收益、可量化判定条件，企业在数据资产入表过程中需要注意以下几个方面。

（一）梳理数据资源目录，完善数据治理体系

企业的原始数据涉及客户数据、市场数据、研发数据、物流数据、调研数

据、外部数据等多个维度，包括结构化、非结构化数据，并且可能分散存储应用于企业各部门、各专业信息化系统中，数据资产入表的第一步是分析本企业当前原始数据来源、体量、类型、质量及后续加工应用情况，梳理整体数据资源目录，并加快构建企业数据库、数据中台等基础设施，搭建流程化、体系化、规范化的数据架构。此外，数据治理是数据资源化、数据资产化的重要依托，重数据采集、轻数据治理会给数据资产入表带来一定阻碍，因此企业应当构建完善的数据治理体系和数据管理制度，组建领导挂帅的数据管理部门或业务单元，为数据资产入表夯实管理基础。

（二）明确数据资源产权，规避数据合规风险

《暂行规定》在适用范围中明确指出是"企业拥有或控制的"，数据资产入表的前提是确保数据资源合法合规、权属清晰，数据资源具有可复制性和无限共享性，某一数据资源在同一时空可能被多个主体持有或使用，企业可依据"数据二十条"中提出的数据资源持有权、数据加工使用权和数据产品经营权"三权分置"的数据产权制度框架进行数据资源确权，剔除产权不清、归属存疑的数据资源。数据合规方面，企业应当明确数据资源来源、安全等级、是否涉及个人隐私与伦理问题、是否涉及国家机密或经济命脉，数据资源来源、内容、管理与应用均应合法合规。

（三）确定资产评估方式，测算数据资产价值

数据资产需满足预期带来经济利益流入的条件，如何合理评估企业拥有的数据资产价值是企业面临的另一个阻碍。数据资产价值与数据体量、质量、稀缺性、所处行业、应用场景等密切相关，同一项数据资产在不同的应用场景下产生的价值存在差异，这也是数据资产较传统资产价值评估的核心差异。数据资产价值评估包含数据质量评价、数据应用评价、数据变现量评价等多个维度，中国资产评估协会发布的《资产评估专家指引第9号——数据资产评估》将无形资产传统评估方式迁移至数据资产，结合《暂行规定》中提出的历史成本计量方法，建立数据资产成本修正模型，根据应用场景与市场情况引入数据资产价值修正系数、市场供求修正系数，相对谨慎准确地评估数据资产价值。

（四）确定成本分摊方式，优化收益分配模型

数据资产入表还需满足资产相关的成本与费用能可靠计量的条件，现阶段以成本法对数据资产进行价值评估后，数据资产仍面临着成本如何可靠计量、成本与收入如何匹配等现实难点。在现实情况中，许多企业的数据和业务是伴生的，一是开发过程中存在跨部门资源重复利用与人员调配复杂的情况，导致数据资产计量时成本归集存在难点，难以满足"成本与价值能够可靠计量"这一数据资产确认条件；二是同一张数据表会被重复调用、重复组合，并服务于不同场景下的数据资源产品化过程，形成的收入难以与开发成本合理匹配。针对该类问题，建议企业根据自身业务与数据资源情况重新构建数据管理体系，合理进行数据资产开发过程中的人员安排与资源调配，并应用内部管理信息系统做好相应记录；构建企业内部数据收益分配模型，按数据提供方、数据运营方、数据加工方的贡献度进行收益分配，贡献度以各参与方在数据资产研发及后续运维中投入的开发成本为主要评判依据，结合数据资产应用场景、商业模式、使用范围、调用趋势等设置评价指标，实现数据资产开发成本与收入的合理匹配。

参考文献

侯彦英：《数据资产会计确认与要素市场化配置》，《会计之友》2021 年第 17 期。

《数据资产价值与收益分配评价模型（征求意见稿）》，全国团体标准信息平台网，https：//www. ttbz. org. cn/upload/file/20230331/6381586938022197209133135. pdf。

《数据资产入表及估值实践与操作指南》，数字菁英网，https：//www. digitalelite. cn/h-nd-8064. html。

孙嘉睿：《国内数据治理研究进展：体系、保障与实践》，《图书馆学研究》2018 年第 16 期。

孙新波、王昊翀：《数据治理：概念、研究框架及未来展望》，《财会通讯》2023 年第 14 期。

孙永尧、杨家钰：《数据资产会计问题研究》，《会计之友》2022 年第 16 期。

肖玉贤、王友奎、张腾：《政府数据治理的逻辑起点、治理过程及核心价值——基于中国式现代化视角》，《科技管理研究》2024 年第 4 期。

张俊瑞、高璐冰、危雁麟：《数据资产会计：概念演进、解构与关系辨析》，《会计之友》2023年第24期。

张俊瑞、危雁麟：《数据资产会计：概念解析与财务报表列报》，《财会月刊》2021年第23期。

郑大庆、黄丽华、张成洪等：《大数据治理的概念及其参考架构》，《研究与发展管理》2017年第4期。

中国信息通信研究院：《数据资产化：数据资产确认与会计计量研究报告（2020年）》，2020。

中国资产评估协会：《资产评估专家指引第9号——数据资产评估》，2019。

Akoka J., and I. Comyn-Wattiau, "Evaluation of Big Data Governance-Combining a Multi-Criteria Approach and Systems Theory," 2019 IEEE World Congress on Services, Milan, July 2019, pp. 398-399.

DAMA International, *The DAMA Guide to the Data Management Body of Knowledge* (New York: Technics Publications, 2009), p. 37.

B.8
2023~2024年企业数据确权授权的机制与实践应用研究报告

钟宏　王鹏*

摘　要： 本报告深入探讨了企业数据确权授权的机制与实践应用。首先阐述"数据二十条"的目标，即加强对数据的合法、正当使用，保护个人隐私，促进数据安全和信息化发展，同时分析企业数据权属问题的复杂性，指出数据要素的非中心化和跨界特性带来的挑战。其次通过研究数据确权授权的政策基础与理论，提出构建安全有效的企业数据利用秩序的必要性，讨论企业数据确权授权的难点，包括宏观层面的政策框架缺失和微观层面的企业内部管理挑战。最后研究数据确权授权的方法，包括被动确权和主动确权的概念，强调确权的前置条件，如数据分类治理、价值分析与判断和场景识别，并探讨数据三体模型在数据确权中的应用。

关键词： 数据要素　数据确权授权　企业数据管理　数据产权

中共中央、国务院印发《关于构建数据基础制度更好发挥数据要素作用的意见》（以下简称"数据二十条"），旨在加强对数据的合法、正当使用，保护个人隐私，防止数据滥用和泄露，促进数据安全和信息化发展。该意见通过明确数据主体的权利和责任，规范数据处理行为，建立数据安全保护机制，构建健康的数据生态环境，推动数字经济和社会的稳定发展。随着大数据、云计算、人工智能等技术的飞速发展，数据成为制约技术发展的重要因

---

* 钟宏，清华大学技术创新研究中心数权经济研究室主任，主要研究方向为数据要素、数据资产化；王鹏，公共管理博士，北京市社会科学院管理研究所副研究员，主要研究方向为数据要素、数字经济、数字政府。

素。截至 2023 年，企业数据的权属问题仍处于探索阶段，中国正在积极探索企业数据确权的法律框架，出台《中华人民共和国数据安全法》和《中华人民共和国个人信息保护法》等相关法律法规，尝试对数据权益进行规范，以保护数据主体的合法权益。但数据往往是非中心的、跨界的，这就给数据确权带来了挑战。尤其是当企业数据与个人数据以及其他权益如知识产权相结合时，界定企业数据的所有权和使用权变得更加复杂。只有清晰界定产权，才能保障数据持有者通过数据获得合法的收益。因此，推动数据要素市场化，首先需要对数据复杂的经济和法律属性进行明确，探索出公平、高效、可行的产权确立方案。[①]

一 数据确权授权政策基础与理论研究

（一）数据确权授权政策基础

数据要素不仅能够提高生产效率，还能够创造出全新的商业模式和价值。"数据二十条"为中国今后一定时期内数据产业的发展指明了方向，提出构建安全有效的企业数据利用秩序，并赋予企业数据持有权，以促进数据要素转化为生产力。"数据二十条"将数据分为公共数据、企业数据和个人信息数据，并以此为基础建构数据利用的权利义务体系，建立公共数据、企业数据、个人信息数据的分类分级确权授权制度，并根据数据来源和数据生成特征，分别界定数据生产、流通、使用过程中各参与方享有的合法权利，建立数据资源持有权、数据加工使用权、数据产品经营权"三权分置"的运行机制。

随着数据的重要性日益凸显，相关的法律法规也在不断完善，以保护数据持有者的合法权益。例如，《上海市数据条例》《江苏省公共数据管理办法》等地方性法规对公共数据的授权运营单位、工作流程、流转模式等内容进行了规定。

为了合理界定数据要素市场各参与方的权利和义务，通过权利分割的方法实现数据确权授权，这为出台有关数据产权的法律制度奠定了基础。一些地区

[①] 刘涛雄、李若菲、戎珂：《基于生成场景的数据确权理论与分级授权》，《管理世界》2023年第 2 期。

已经开始探索数据确权授权的具体实施细则，例如海南省印发了全国首部数据产品确权登记实施细则，提出对经过加工处理、数据关联对象授权清晰、数据来源可靠、可计量、具有经济社会价值的数据产品的所有权进行确权，明确申请对象对拥有的数据产品享有占有、使用、收益和依法处分的权利。这些实施细则共同构成了数据确权授权的法律和制度框架，旨在促进数据的合理利用和保护各方的合法权益。

（二）企业数据确权授权难点

数据确权并非一个规范概念，这一概念的核心在于数据权利，"确权"更强调过程或思维方式，意味着在不同主体之间的相同数据或不同数据之上确定相应权利边界。传统上，提及某种客体的确权，主要集中于土地权利，即针对同一土地之上的不同主体的土地所有权、土地使用权和他项权利的确认、确定等。数据的有形性、无形性、多归属性、（广泛）流动性等特征，使数据在不同主体之间的确权更加复杂。[①]

一方面，数据的有形性特征使它可以像其他有形财产一样被存储、转移和交易。另一方面，数据所具有的无形性使它具有独特的价值和用途，这也是其他有形财产所不具备的。这种二元特性使数据在财产领域中具有特殊的地位和作用，但也对数据权属确定造成诸多困难。

从宏观角度，现阶段企业数据确权实践由于国家层面缺乏系统、完备的顶层设计，未能形成有力的政策框架与法律法规体系，存在数据要素统一大市场建设进程滞后、统一的数据分类分级标准与目录登记体系亟待建立、参与规则与激励路径不完善、数据交易平台与信任机制不规范的问题。

从微观角度，一是企业内外部尚未形成针对数据业务场景的权责利分明的运行机制，面临数据全生命周期的"多元权利主体"困境，存在分工不够明确、合力有限，确权授权过程冗长、协调不畅，组织架构滞后、协同不足，数据对内确权困难、对外流通受阻等问题；二是企业在数据资产化的过程中，存在管理体系不完善，方法标准不统一，数据资产难以盘点、评估、入表的问

---

① 李纪珍、姚佳：《企业数据精准确权的理论机理与实现路径》，《浙江工商大学学报》2023年第5期。

题，缺乏一套行之有效的数据资产管理办法，以释放数据价值潜能，共享资产增值成果。

二 数据确权授权方法研究

企业数据确权分为被动确权和主动确权。企业由于外部环境或政策变化对数据进行确权的行为属于被动确权，外部环境或政策变化通常是指法律法规的出台、行业标准的设定或是与其他企业、机构等的合作。目前国内在企业被动确权方面缺乏明确的法律法规体系。而针对具体业务、场景中的数据，精准识别数据权利主体，清晰定义权利关系，使企业数据的权利获得法律认可与保护的主动确权行为，可行性相对更高。

（一）数据确权授权的前置条件

企业在进行确权之前，一是需要对数据进行归类盘点，将生成、收集、处理和应用的数据进行归类整理，对数据来源进行梳理，对数据信息的重要程度按等级划分，重要程度越高等级越高。二是需要对数据价值进行分析与判断，区分出估值高于成本的可溢价数据和估值等于成本的固定价值数据。固定价值数据的变现价值较低，可以采用成本法进行处理或者暂不处理；而可溢价数据能够为企业带来额外收益，变现价值较高，该类数据采用确权方式可以更好地帮助企业进行数据资产化，完成数据资产变现。三是需要进行场景识别，企业针对可溢价数据结合自身业务进行场景识别，场景包括但不限于对外采购、自主生产、采集传输、加工使用、交易共享等。同时，在某一场景中企业数据来源有客户信息、销售记录、生产数据、财务报表等。外部数据来源可能包括政府发布的统计数据、市场研究报告、社交媒体内容、竞争对手的公开信息以及行业新闻等。场景中可能会有加工者、运营者、持有者、采集者等角色，因此企业需要对不同业务场景中的数据产权进行界定。

（二）数据确权方式

在业务场景中，可以根据企业的社会活动对照数据三体模型进行数据确权（见图1）。

一是数据权利主体识别。企业基于数据的社会行为对应数据三体模型的不同层级。数据采集、存储、传输等生产活动对应数据物质体。对数据中的信息内容进行加工处理的活动则对应信息价值体。企业将重要数据信息对外公开等涉及权利治理的活动，对应权利关系体（见图1）。

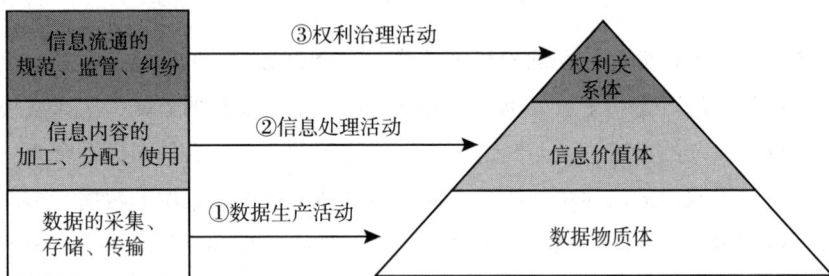

图1 数据三体模型

二是根据数据承载信息的重要程度划分数据等级。固定价值数据和部分可溢价数据的信息重要程度较低，但其他可溢价数据的信息重要程度较高，需将这些信息划分为等级较高的公共利益信息和国家安全信息，这些信息一旦泄露将会对企业造成巨大损失（见图2）。

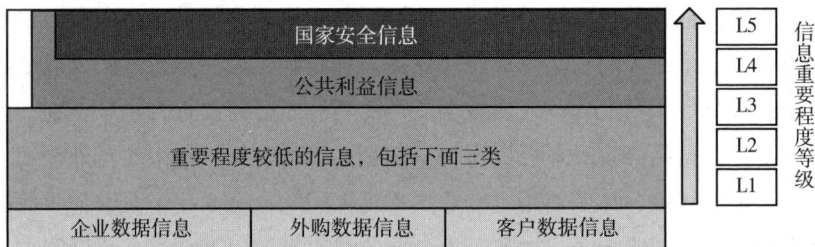

图2 信息重要程度等级划分

三是针对不同的行为，将其对应到业务权能框架的不同阶层。所谓业务权能，即对数据的占有、使用、生产加工、收益、处分（有限制）等权能。[1] 数据的存储者、采集者、提供者，属于数据物质"持有者"。对数据信息进行处

---

① 姚佳：《企业数据的利用准则》，《清华法学》2019 年第 3 期。

理加工的加工者、分配者、使用者，属于信息价值"经营者"。对数据进行规范监管的规范者、监管者、解纷者，则属于权利关系"规治者"。每一层级的主体持有的数据权利均不相同（见图3）。

第3阶——权利关系"规治者"		
规范者	监管者	解纷者
第2阶——信息价值"经营者"		
加工者	分配者	使用者
第1阶——数据物质"持有者"		
存储者	采集者	提供者

图3　企业数据业务权能框架

四是对数据权属进行法律认定。数据物质体对应数据持有主体，是物质存储体的产权逻辑，数据物质体可以通过《中华人民共和国民法典》进行权属认定。信息价值体对应信息权益主体，与信息相关的权益主体对该数据信息持有相关权益，对信息内容进行加工处理以后，可以根据《中华人民共和国知识产权法》《中华人民共和国个人信息保护法》等进行权属认定。在数据交易流通环节，如果对归为公共利益信息、国家安全信息等重要程度较高的其他可溢价数据进行交易，则需要有关部门根据《中华人民共和国数据安全法》《中华人民共和国电子商务法》等相关法律法规进行规范监管，这部分对应权利关系体（见图4）。

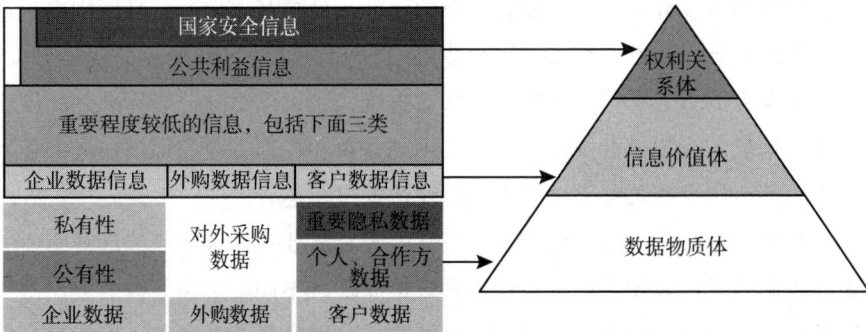

图4　按照数据三体模型对数据进行层级划分

五是进行权属登记。企业按照法律规定的管理办法对数据产权情况进行记录，数据目录包括但不限于业务信息、技术信息、管理信息。管理信息细分为数据类型、数据权属、共享类型、开放类型、机密类型等。根据数据三体模型明确企业数据权利主体，并对可溢价数据和固定价值数据的重要程度进行等级划分。在各个场景中，涉及国家安全信息和公共利益信息这类等级较高信息的数据不能进行交易。

三 企业数据确权授权实践案例

某电力公司开展电力贷款业务，通过智能电表、远程监控系统等收集用户的用电数据，包括用电量、用电时间、用电频率等。对收集到的数据进行深度分析，提取出用户的用电习惯、用电规律等信息，并将其转化为可以用于信贷决策的信息。根据用户的用电信息和其他相关信息，银行可建立信贷风险评估模型，用于预测用户的信贷风险，做出信贷决策，如批准贷款、拒绝贷款或者调整贷款条件等。电力公司在提供数据服务的过程中，可以不断收集和更新用户的用电数据，以进一步优化银行信贷决策和服务质量。电力公司的数据增值服务不仅可以提升自身的经济效益，也可以为客户提供更加个性化和便捷的服务，实现双赢。

对电力公司的数据进行分类分级，划分活动主体，不同主体对应不同的数据业务权能。电力公司作为数据的存储者和采集者，应拥有数据的所有权，可决定数据的存储、使用、分享和销毁。具体的数据业务权能清单配置可能会因银行、政策和市场环境等不同而有所不同，涉及公司基本信息、月度用电、历史用电等的小规模数据可在供需过程中通过合同协议确定数据业务权能分配；但如涉及全省的数万公司、与地区公共数据交叉、根据行业分级标准判断属于国家重要信息的大规模数据在流通过程中则需要相关地方政府部门或者行业主管机构，甚至国家相关部委根据相关法律法规进行监管。

电力贷的合法合规性审核，主要是对电力贷款业务的各个环节进行全面的审查，以确保其符合相关的法律法规和政策要求，不同类别和等级的数据对应不同的法规。通过合法合规性审核，电力公司可以发现并及时解决可能存在的问题，从而确保电力贷款业务的正常运行，同时提升自身的合规管理水平，避免违规行为带来的法律风险。

通过数据三体模型对电力公司的数据信息进行分类。按照数据物质体可分为电力公司自身业务形成的数据、外购的外部机构数据、用户形成的电力客户数据三类。电力公司自身业务形成的数据具有排他性持有权，而用户形成的电力客户数据根据用户自身对电力公司的授权具有非排他性持有权，外购的外部机构数据的权属根据外部机构与电力公司的交易合同来确定。按照信息价值体可分为电力公司数据信息、外部机构的数据信息组成的其他信息、法人信息和个人用户信息组成的电力客户数据信息三类。同时，电力公司的信息需进行分级，信息重要程度越高，等级越高。

依据信息价值体的权利划分，电力公司对自身经营的数据具有自主经营权，对通过合约交易持有的数据具有合约经营权，基于企业持有信息的等级规定合规经营权，持有信息等级越高，数据交易过程越严格。数据的规治权分为内部主动约束和外部强制约束，针对不同权属通过相应法规进行治理。电力公司的数据产权界定为其他公司的数据确权提供了实践指导，具有积极的借鉴意义。

四　数据确权授权的展望与发展建议

（一）数据确权授权机制的展望

随着政策的持续推进，数据治理、确权及使用原则、公共数据授权运营等方面加速发展。与此同时，人工智能技术的发展将进一步推动数据确权授权的进程，特别是在数据采集、储存、加工、分析、管理和应用等各个环节。伴随着技术的进步和政策的支持，数据确权授权机制将逐步完善，以适应数字经济的发展。

数据确权授权机制的完善将推动数据产权结构性分置，即推动实施数据资源持有权、数据加工使用权、数据产品经营权等权利分置的落地举措，以促进数据的高效利用。探索数据产权结构性分置制度，建立数据资源持有权、数据加工使用权、数据产品经营权"三权分置"的数据产权结构性分置制度框架，有助于更好地发挥数据要素的作用。

数据确权授权机制的完善将加强数据分类分级管理，完善数据资产权利体系，以确保数据资产得到合理管理和保护。企业要结合各地区的数据确权授权机制的具体实施细则以及公共数据的授权运营政策，明确数据确权授权的主要任务，为自身数据产权提供基础保障，进一步助力国家数字经济的快速发展。

数据确权授权机制的完善将推动数据要素市场体系建设正式进入实质性启动阶段，通过建立数据要素流通标准体系，明确数据要素流通准入原则，建立健全数据交易流通、数据安全保护等的基础性规则，推动数据要素市场的健康发展。

（二）未来发展建议

一是加强顶层设计，健全行业政策指引。重视国家层面在数据产权制度领域的顶层理论研究，尽快健全数据产权、流通交易、收益分配、安全治理等方面的制度和指引细则，出台相关政策法规以明确企业数据确权授权实践的原则、规则与流程，探索符合企业特点的制度体系；制定数据隐私政策和保护措施，规定对数据合法性、隐私性和安全性的要求，明确违规行为的法律后果，促进数据市场化流通与合规发展，继续推进数据基础设施建设，为企业数据确权授权实践提供坚实"硬件"支撑。

二是发挥试点标杆效应，组建相关行业协会赋能发展。分区域、分行业打造数据改革试验点，形成"试点先行、标杆引领"的推进机制，通过定期召开试点工作研讨会议、开展经验学习交流活动，掌握试点进展动向、及时解决问题、共享经验成果；组建企业数据资产改革协会，积极参与行业相关政策、法规的制定过程，负责监督、指导、推动数据确权授权实践合规化发展，为各企业提供经验交流、业务合作、资源共享的官方平台。

三是提高技术安全能力，统一数据标准。集中科研力量，围绕数据安全利用各项要求，建立与制度流程配套、符合监管需求、服务于企业权属实践的技术应用体系，实现监管流程、策略内容的电子化、信息化升级；依托国家政务服务平台，建立一体化数据目录登记机制，建设数据要素统一登记平台，通过构建数据分类分级体系，探索数据认定准入机制，夯实数据要素流通互认基础，确保数据要素统一登记平台规范运作。

B.9
2023~2024年中国商业银行数据治理研究报告

马　丹*

摘　要：　在数字经济和金融科技大发展时代，商业银行只有对数据进行有效治理，才能不断提高数据质量，更好释放数据价值，提升核心竞争力，增强风险防控能力，助力数字化转型，促进高质量发展。本报告分析了中国商业银行数据治理的现状，以及中国银行业数据治理的趋势、问题与挑战，并基于此提出商业银行加强数据治理的对策建议，包括优化数据治理战略布局、完善数据治理体系及数据字典、处理遗留数据质量问题、完善数据安全管理体系、完善数据治理问题管理机制等。

关键词：　数据价值　商业银行　数据治理　数字化转型

　　习近平总书记在 2017 年 12 月中共中央政治局第二次集体学习时强调，"审时度势、精心谋划、超前布局、力争主动，实施国家大数据战略，加快建设数字中国"，"善于获取数据、分析数据、运用数据，是领导干部做好工作的基本功"①；2019 年 10 月，党的十九届四中全会首次明确数据可作为生产要素按贡献参与分配。在数字经济和金融科技大发展时代，商业银行只有对数据进行有效治理，才能不断提高数据质量，更好释放数据价值，提升核心竞争力，增强风险防控能力，助力数字化转型，促进高质量发展。本报告对中国商业银行数据治理的现状、问题与挑战和策略展开分析。

---

* 　马丹，中国电子数据产业集团生态与运营部总监，主要研究方向为数字经济与金融科技。
① 　《习近平：审时度势精心谋划超前布局力争主动 实施国家大数据战略加快建设数字中国》，人民网，http：//cpc.people.com.cn/n1/2017/1210/c64094-29696484.html。

一 中国商业银行数据治理现状

（一）数据治理内涵

1. 数据治理的定义

数据作为一种生产要素，已成为数字经济时代最重要的资源。数据加上算法，可以创造新的商业模式（见图1），产生巨大的经济利益。数据具有经济学上讲的非竞争性特征，即一个人对数据的使用，并不影响他人对其的使用，而且边际成本几乎为零。同时，数据也是排他性的商品，至少具有部分排他性。数据的非竞争性和部分排他性，使其具有准公共产品的特征，可以从根本上改变经济活动，创造新的繁荣。数据流开始引领人才流、资金流、物质流和技术流。亚马逊前任首席科学家提出，"数据是新的石油"，"得数据者得天下"，"经验驱动"正向"数据驱动"转化。随着信息技术与社会经济的交汇融合，数字经济和数字金融迅速发展，引发了业务数据的迅猛增长，社会整体的数字化水平大幅提升，数据已然成为整个社会的基础性、战略性资源，谁掌握了数据，谁就占领了竞争制高点。

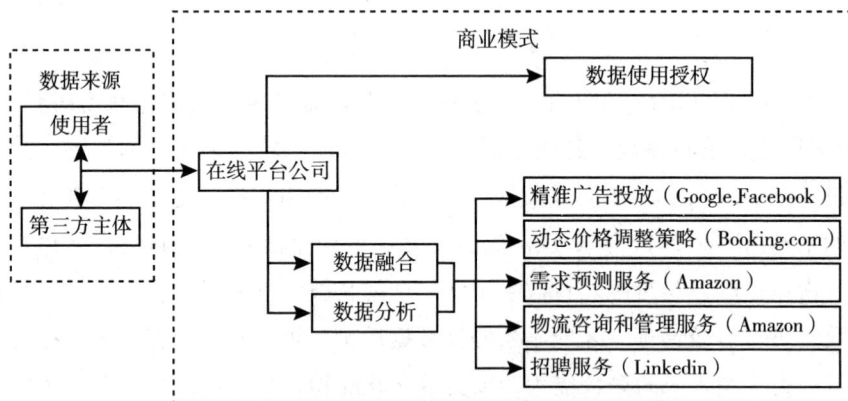

图1　数据创造新的商业模式

资料来源：Li W. C. Y., Nirei M., Yamana K., "Value of Data: There's No Such Thing as a Free Lunch in the Digital Economy," BEA Working Papers, 2019；招商银行研究院。

国际数据管理协会（DAMA）给出的数据治理定义是：数据治理是对数据资产管理行使权力和控制的活动集合。它是一个管理体系，包括组织、制度、流程、工具。国内企业数据治理实践中，一般将数据治理和数据管理作为一个整体来考虑，即将数据作为组织资产而开展一系列的集体化工作，其中包括从组织架构、管理制度、操作规范、信息技术应用、绩效考核支持等多个维度对组织的数据模型、数据架构、数据质量、数据安全、数据生命周期等进行全方位梳理以及持续改进的过程。

2. 商业银行业数据治理的内涵

金融业是最为依赖数据和持续创造数据的行业，几乎金融业所有行业的所有环节都与数据息息相关。商业银行作为一种数据密集型金融机构，对数据更是具有极高的依赖度。商业银行要实现个性化、精细化运营，离不开数据的有力支撑。

数据是金融数字化转型的基础性、战略性资源。数据作为数字经济时代的新型生产要素，是商业银行的重要战略资产，数据治理也成为商业银行数字化转型的应有之义和关键环节。金融数据生态圈的稳定、数据向战略资源的转化，都离不开良好的数据治理，否则商业银行的数字化转型将成为"一纸空谈"。近年来，商业银行开始加速利用数据进行更为精准的客户营销、风险管理、运营优化等。但商业银行所积累的数据管理体制不健全、统计数据不完整、数据分布零散化等诸多问题，导致开发和有效利用数据成为其进一步数字化转型的"拦路虎"，加强数据治理已势在必行。商业银行只有高质量、高效地做好数据治理工作，才能使数据资产向价值转化，才能让数据真正成为银行提升经营管理水平和市场竞争力的"发动机"。因此，加强银行数据治理就是要通过建立组织架构，明确内设部门等的职责要求，制定系统化的制度、流程和方法，确保数据统一管理、高效运行，并在经营管理中充分体现价值的变化。

2018年5月，银保监会印发的《银行业金融机构数据治理指引》为国内商业银行提升数据质量、促进数据共享、实现数据价值、落实数据治理要求提供了方向。同时，各商业银行由于类型和规模不同，在数据治理工作中面临的挑战和采取的方法略有不同。

（二）商业银行数据治理框架

1.数据治理目标

数据治理是通过制定并实施一系列的政策、控制措施等，对数据资产进行全生命周期管理，保障数据资产的质量和供应，为经营管理决策提供多种形式的数据服务和应用支持。其最根本的目标是让使用者在正确的时间、正确的环境，以正确的方式获得正确的数据和服务，促进商业智能水平提升。

2.数据能力框架

数据能力框架是基于理论学习、实践过程中的经验提炼及银行实际总结出来的，指导银行推进数据治理工作。通过数据质量管理，提高数据质量和利用价值；通过数据全生命周期管理，有效控制在线数据规模，提高生产数据访问效率。通过上述贯穿整个数据生命周期的数据治理，为"系统整合"奠定基础。

3.数据治理工作总体思路

商业银行应成立由行长担任委员会主任的"数据治理委员会"，数据管理部或者财会部门承担数据治理办公室职能。数据治理工作总体思路可概括为：业务数据化、数据资产化、资产价值化、价值最大化/数据业务化。整个数据治理工作要按照数据价值链，形成持续迭代提升的循环。业务数据化是指用数据来描述、表达、定义、度量业务，用数据规范、准确地记录、保存和展示经营管理全过程；数据资产化是指建立并执行统一的数据规范，打通纵向横向存在的数据壁垒，实现数据互联互通，将数据整合为高品质的可用资产；资产价值化是指深入挖掘、分析各种类型的数据资产，研发数据产品，从中获得洞察、预测能力，发现规律，支持业务经营管理；价值最大化/数据业务化是指推动数据产品和信息知识的广泛共享，使其嵌入业务流程中，便捷应用，以获得更大成效。

4.数据治理原则

一是提升效率。考虑到数据的非竞争性，应尽可能地鼓励数据的广泛使用，保障公平竞争，防范大型科技公司囤积数据、通过技术资本优势挤压和收购潜在竞争者等。最激进的方式是推进数据开源，但强制数据共享可能会进一步牺牲个人隐私，并抑制企业投资数据的积极性。二是维护公平。相关部门应准确把握数据的经济特性，深入理解数据的"财富效应"，完善"数据红利"公平分配的体制机制，对科技企业存在的价格歧视等损害消费者权益的行为应进行严格监管。三是保护隐私。尽管加密技术的快速升级有助于解决部分隐私问题，但明确数据所有权和使用权的归属、建立相应的交易机制，仍是解决数据滥用问题的关键所在。同时，相关管理部门应致力于推动数据市场信息透明化，为数据主体/消费者了解和控制数据采集和使用提供便利。四是保障安全。数据安全问题会降低公众信任、削弱分享意愿，不利于数据经济的长期健康发展，并可能会引发金融风险。必须完善数据安全立法，提高全民数据安全意识，落实主体责任，进而提升企业投身网络安全建设的积极性。

总的来看，商业银行数据治理框架主要包括以下几个方面：一是以银行总体战略规划指导数据治理目标及规划的制定；二是以配套的数据治理机制作为推力，使全行数据治理工作得到有效落实；三是涵盖完整的数据治理领域，商业银行每个数据治理的领域都可作为一个独立方向进行研究治理，各领域之间存在相互协同和依赖的关系，因此需要有机结合；四是以配套的系统和技术手段保障数据治理的有效开展。

（三）国有大型商业银行数据治理

近年来，国内各家商业银行纷纷将数据治理提升到全行战略层面，开展一系列工作。国有大型商业银行均形成了与数据治理相关的规章制度、组织架构和管理流程，将数据治理作为数字化银行转型的重要基础。

以中国建设银行数据治理为例，中国建设银行对数据治理问题的理解和认识是一个不断深化的过程。从20世纪80年代初开始单点业务电算化之后，经历了"不关注、起步、打基础、体系化、持续优化"的发展阶段。2003年中国建设银行通过建设企业级数据仓库，把"对数据内容的管控、对数据隐藏含义的解读"从IT系统的部署过程中分离出来，作为独立环节；2005年启动了GMIS数据清洗和补录工作，为提高内部评级工程的数据质量打下良好的基础；2011年建设新一代核心系统（涉及所有对客户的服务、内部风险防控及整个运营体系等），开始认识到数据可复用、可单独管理，是一种新的生产要素；2016年系统上线，历时6年半（有专家曾预测需要14年），9000多人参与工程开发，积累了大量经验。

中国建设银行启动数据大集中工程后，形成了数据规范和符合国际标准的统一编码，制定了严格的企业级信息化政策，组建了专业的数据治理组织，基于顶层设计进行 IT 流程化，采用适当的专业支撑工具，努力提高数据安全标准和数据质量标准，同时响应国家和监管机构号召，积极推进云计算等相关技术的研究与应用，努力探索国有大型商业银行云计算数据中心及运维体系建设的最佳实践方式，目前在数据模型、数据质量、数据标准、主数（据）管理、数据架构、数据生命周期、元数（据）管理和数据安全等八个方面均形成较完善的体系。为了更好地利用主机资源，中国建设银行提出"主机+开放"的融合架构，确保"好钢用在刀刃上"。

（四）股份制商业银行数据治理

股份制商业银行在业务发展模式上更加注重提升数据的管理和内部挖掘能力，并取得一系列成就，比如基本统一全行编码规则，初步实现了客户和产品的主数据维护。

以中国光大银行的数据治理为例，2012 年，中国光大银行建设了企业级基础数据平台，整合了 41 个源业务系统的数据，定义了关键数据标准，组建了数据治理组织。中国光大银行推出智能化数据资产管理平台"POWER DATA 魔数"及数据模型设计工具"POWER MODEL 魔豆"。"POWER DATA 魔数"和"POWER MODEL 魔豆"是中国光大银行在数据资产领域进行管理与运营模式创新探索的成果，旨在通过智能化数据资产管理平台和工具实现数据资产、数据标准、数据质量的统一管理和运营。中国光大银行在 2021 年接连发布数据估值和定价相关成果，为行业提供了数据能力建设的经验借鉴及前沿思路。

（五）城市商业银行数据治理

近年来，在推动数据治理工作方面，各城市商业银行均取得一定成果，制定了统一的数据标准，并在新系统中落地应用；形成了总分联动的数据质量提升机制，并通过系统实现线上自动化监控；在业务经营和风险管理上，通过对数据进行分析挖掘，落地多种数据应用。比如，北京银行坚持"以用促治、以治促建、治用结合、急用先行"的数据治理原则，深入开展监管数据专项治理，多措并举全面提升监管数据质量，提高报送自动化率；持续提升数据管理能力，完善数据管理体制机制和数据管理制度体系，优化数据管理流程，夯实数据管理基础；建设数据资产管理平台，支持数据资产快速共享；完善全行数据标准并推动系统自动落标，从源头控制数据质量；建立数据质量检核机制，加大数据质量整改力度，深化治理成果的共享和应用；持续推进全行统一数据录入平台建设，加大手工数据治理力度，提升业务系统化率；提升数据服务能力，强化"数聚通"数据中台品牌建设，挖掘客户价值；持续开展全行数据人才队伍建设，创新培训形式，丰富培训内容，提升全行数据素质。杭州银行不断加强系统建设，提升数据挖掘和应用能力，有效赋能业务发展和经营决策。公司条线智慧营销管控系统平台上线，专注于挖掘客群数字价值，形成客群标签管理体系和潜在客户商机系统推送，同时后续将加强存量数据治理、外部数据对接，提升客户数据分析自动化、智能化水平；小微条线搭建"云小贷"产品平台，完成板块整合，扩大客群覆盖面，实现客户行为留痕和数据沉淀，数据赋能更为显著；零售条线着力打造"理财经理工作平台"，从"数据化驱动、线上化运营、流程化组织"三个角度实现经营体系的全面升级，以数字化营销管理推动产能提升。

但目前大部分城市商业银行在推进数据治理工作上仍存在一些困难：①数据治理人员培养方面，城市商业银行业务种类繁多、数据问题多样，对相关人员要求较高；②自评估能力方面，监管部门对数据治理的监管越来越严格、越来越全面，金融机构可能存在数据治理自评估能力的不足，在自评估过程中存在遗漏环节，导致不能完全满足监管要求；③历史数据问题，历史存量数据质量相对较差，整改困难，完全解决需要一定的时间；④数据标准落地困难，存在部分业务系统落标不及时的情况。

（六）农村商业银行数据治理

大多数农村商业银行组建晚、信息化建设滞后，在数据治理方面，组织体系过于行政化，管理体系中的标准、制度等缺失，技术体系平台和工具落后，执行体系人员数据质量意识淡薄，缺少数据资源规划等，导致出现业务数据模型关键要素不完整、数据标准缺失、数据修改补录工作常态化、重要业务指标统计口径和规则定义不一致等问题，严重影响了数据的准确性和及时性。

（七）民营银行数据治理

自 2014 年获批以来，民营银行的发展历史不过数年，数据治理起步较晚，与开展相关工作的国有大型商业银行相比基础明显薄弱。受益于普惠金融的定位及金融科技的应用，部分领先的民营银行在经营模式上具有明显的互联网特色，并在数据治理体系建设上具备一定的独特性。

民营银行开展数据治理的初衷是满足监管报送要求。作为新生事物，民营银行在经营模式上具有很大的创新性，部分核心货币信贷业务没有经过较长的经济周期检验，因此必须在风险管理和监管合规上更加谨慎。数据治理通常与监管报送工作伴生，甚至主要服务于银行报送系统群。随着业务种类的拓展和系统数量的增长，部分民营银行在规模扩大的过程中逐渐认识到将数据治理作为一项基础机制引入信息科技体系中的重要性。系统间数据缺乏标准、数据质量差、数据问题难以追溯乃至数据泄露的风险使民营银行迫切希望从数据治理领域找到解决方案。

民营银行在建立数据治理体系方面有三类方案。

第一类方案是将数据治理视为银行信息科技架构的一项基本职能，从顶层规划数据治理体系。这种策略与国有大型商业银行、领先股份制商业银行开展数据治理工作的实践基本一致，数据治理责任部门通常承担了一部分架构管理的职能，能够在较大程度上介入银行的科技开发管理体系，在需求、设计、投产等环节实施强有力的管控。选择此类方案的银行往往有较好的信息科技基础，系统架构和数据相对规范，有比较好的科技管理流程体系。典型案例如浙江网商银行，有望依托 DataWorks 大数据开发治理平台、ODPS 平台和 OneData 等工具对全行数据实施企业级的管理；重庆富民银行在启动数据治理工作时首先进行了数据架构优化，也是该方案的一种有益尝试。

第二类方案是从数据治理的成熟领域开始试点工作，冷启动整体数据治理体系的建设。该方案适合启动数据治理较晚的中小银行，立足数据标准、数据质量工作开展全行数据的治理，对银行的信息科技架构管控能力要求较为宽松。选择局部冷启动方案能够迅速建立数据治理机制，并取得一定的落地成效，满足监管的底线要求。但随着数据治理工作的深入，各领域工作协同性较差，难以对开发上线进行有效管理的问题会逐渐暴露出来，影响数据治理工作的持续落地。该方案为大多数民营银行奉行，随着数据治理进入深水区，民营银行需要认真思考数据治理路线的优化问题。

第三类方案是围绕数据治理系统的建设，以较低的成本推行重点管控流程的线上化实施，该方案在技术氛围浓厚的互联网银行中较为流行。部分民营银行由互联网公司孵化，价值观上较传统金融机构更加顺应金融科技的趋势；数据治理人员投入受限，从事相关工作的数据治理人员多有技术背景，倾向将数据治理理解为一项开发管理工作并通过系统实现。电子化的流程工具能够提升数据管控的效率，降低制度推广的边际成本；数据质量自动检查、指标口径自助上报等能够极大地降低运营团队的人员需求；元数据字典、地图工具精准支撑数据开发工作。该方案本质上是第二类方案的线上化延伸，但相较人工运行的数据治理机制能够更快地完成一个管控周期的执行，快速进行下一个周期的迭代调整。该方案同样无法回避与民营银行信息科技整体架构结合不紧密的问题，长远来看必须寻求突破。四川新网银行采取了这类方案。

二 中国银行业数据治理的趋势、问题与挑战

（一）中国银行业数据治理的趋势

主要趋势包括：数据意识和数据治理意识的日益提升；数据管理框架体系的落成和完善；数据标准的统一化和管控体系的标准化；基础数据质量管理加强，例如对定义不清晰、口径不统一、数据可信度低等问题的处理；数据应用的针对性不断提升，降低风险和成本、拓宽客户渠道等特定需求对数据应用的迫切程度加深；数据治理的自动化，改变传统单一的数据治理模式，减少人力投入，提升治理效率，借助先进的数据治理自动化工具和强大的数据中台能力，快速为上层应用提供标准、及时的数据服务，加速银行业务创新；数据治理的智能化，抓住金融科技发展机遇，借助大数据、人工智能等科技发展成果，提升中小银行数据治理及数据应用方面的科技化、智能化水平，助力中小

银行数字化转型；数据治理的工具化，针对不同状况设计数据治理各领域独有的数据工具，将复杂的数据问题简化，极大提高治理效率，扩大应用范围；内部审计与数据治理整合，基于监管机构的最新指引和银行数据管理制度要求，开展数据治理审计工作，识别数据治理违规、薄弱的控制环节。

（二）中国银行业数据治理的问题与挑战

1. 管理维度问题

管理维度问题主要表现为：数据治理意识薄弱，缺乏重视，理念落后，能力欠缺；跨业务、跨部门、跨系统的横向协同机制不完善，治理效果欠佳；数据治理体系的中层和基层缺乏可操作性的数据治理方法；数据立法存在空白，数据标准建设缺乏经验，数据孤岛难题突出。

多数商业银行存在数据治理文化及意识薄弱的问题，在数据治理文化以及数据治理目标和价值的宣传方面存在不足。多数商业银行开展了数据治理的针对性培训，增强了部分人员的数据治理意识，但尚未构成体系。相较于国有大型商业银行和互联网银行，该问题在民营银行尤为显著，农村商业银行问题显著程度次之。例如，某民营银行在向全行各部门宣传数据治理的目标和价值上仅存在一些零散的沟通计划。

2. 技术维度问题

技术维度问题主要表现为：基础设施支撑能力不足，数据资源利用率低；专业技术落后，专业人才匮乏，特色产品缺失；数据质量检测与数据复核困难；数据隐私与安全保障有待提高；国内外产品系统不兼容。在数据治理的很多领域能通过相关技术平台和工具的支撑提升成熟度，例如数据架构、数据应用、数据安全、数据质量、数据标准以及数据生命周期管理。然而，目前数据治理的平台化或者工具化的局限有待关注。互联网银行和国有大型商业银行在这个领域有较为丰富的经验，而民营银行、城市商业银行、农村商业银行和股份制商业银行在该领域的经验相对不足。例如，某市农商银行仅某些部门制定了本部门的数据治理工具/平台发展规划，并根据全行范围的标准流程进行数据治理工具/平台的采购活动，而整体数据治理工具/平台的发展规划有所欠缺。仅有一些部门制定了数据集成活动的方案和标准，部门内部可参照执行，而没有基于大数据技术实现数据实时采集、实时计算、实时同步的平台支撑。

该行也尚未制定数据集成活动的执行目标，尚未制定各级 KPI，尚未使用监控/审计工具对数据集成活动的执行效率和效果进行跟踪监控。

3. 业务范围问题

业务范围问题主要表现为：元数据管理体系缺失；参考数据与主数据管理体系缺失；数据仓库与商务智能体系缺失。在数据管理业务方面，民营银行成熟度较低，互联网银行以及国有大型商业银行相对更成熟，其他类型的商业银行成熟度趋同。即便如此，属于领先类别的中国建设银行仍旧表示其只建立了统一的数据标准体系框架，针对全行的基础数据和指标建立了明确的数据标准，将数据标准应用于系统开发、数据采集和数据分析等过程中，但并未通过 KPI 对数据标准的应用进行度量和监控，也并未使用系统/工具对数据标准进行管理。而元数据管理层面仅构建了指标对元数据的应用进行度量和监控，评估元数据对数据管理和系统开发的作用。

4. 数据应用具有片面性，正确性有待提升

多年的信息系统建设虽然积累了海量数据，但受到业务场景、技术水平和组织管理的掣肘，数据应用仍具有片面性。同时，由于业务需求不断迭代更新，原先采集的数据不能满足后续需求。①口径不统一，监管报送困难。很多数据信息来源于一线的业务经理，或者由客户自行填报产生，不同的业务经理和客户对于同一字段可能存在不同理解，导致指标统计口径不统一。在监管数据报送方面也存在报送监管部门众多、多套监管表格数据标准不一致问题。②手工统计烦琐，自动化程度较低。由于历史原因，各类业务记录数据多数仍以纸质或纸质扫描件的形式保存管理，结构化数据的比重较低，数据质量及完整性较差，给信息系统自动化水平提升带来较大困难。③缺乏进阶智能化数据应用场景规划。银行现有的数据应用主要集中在监管报送、管理报表以及风险管理领域。缺少针对业务发展、风险评估、风险监测、智慧运营、合规管理、管理决策等的数据业务发展规划，无法有效支持数据技术能力的提升和数据治理体系的建设。

三　商业银行加强数据治理的对策建议

（一）优化数据治理战略布局

数据治理战略布局是业务、数据和技术部门相关者合作的产物。该战略的

目标必须由高级管理人员确定。该战略包括数据治理框架中每个组成部分的目标，从而形成一个综合实施路线图。具体优化方向可以参考以下几点。①数据治理战略应由业务、数据和技术部门协同定制，并在组织内分享；②数据治理战略应与高层组织目标相一致；③数据治理战略应涉及数据治理各组成部分的核心战略概念；④需要一个机制，为该战略提供授权；⑤数据治理战略的可执行性应该由组织的内部审计部门进行评估；⑥逐步建立数据治理架构。建立组织架构健全、职责边界清晰的数据治理架构，明确董事会、高级管理层、监事会和相关部门的职责分工，建立多层次、相互衔接的运行机制，将数据治理纳入银行发展战略，科学制定数据治理路线图和实施计划；确定并授权归口管理部门牵头负责构建数据治理体系，制定科学有效的数据治理制度，保障数据治理工作有效推进。

（二）完善数据治理体系及数据字典

数据管理能力成熟度评估模型（Data Management Capability Maturity Assessment Model，DCMM）是中国首个数据管理领域国家标准。DCMM 将组织内部数据能力划分为八个重要组成部分，描述了每个组成部分的定义、功能、目标和标准。①数据战略包含数据战略规划、数据战略实施、数据战略评估。②数据治理包含数据治理组织、数据制度建设、数据治理沟通。③数据架构包含数据模型、数据分布、数据集成与共享、元数据管理。④数据应用包含数据分析、数据开放共享、数据服务。⑤数据安全包含数据安全策略、数据安全管理、数据安全审计。⑥数据质量包含数据质量需求、数据质量检查、数据质量分析、数据质量提升。⑦数据标准包含业务术语、参考数据和主数据、数据元、指标数据。⑧数据生存周期包含数据需求、数据设计和开放、数据运维、数据退役。该标准适用于信息系统的建设单位、应用单位等进行数据管理时的规划、设计和评估，也可以作为对信息系统建设状况的监督和检查的依据。数据字典是数据库的重要组成部分。它存放数据库所用的有关信息，对用户来说是一组只读的表。数据字典是分析阶段的工具，供人查询不了解的条目的解释。在结构化分析中，数据字典的作用是对数据流图上每个成分加以定义和说明。数据字典内容包括数据库中所有模式对象的信息，如表、视图、簇及索引等。具体而言就是：分配多少空间、当前使用多少空间等；列的缺省值；

约束信息的完整性；用户的名字；用户及角色被授予的权限；用户访问或使用的审计信息。

（三）处理遗留数据质量问题

评估数据质量是数据治理的一个重要方面。评估的目的是衡量遗留数据中最重要的业务属性的质量，并确定哪些内容需要补救。数据生产者和数据消费者的责任是确定对数据消费者的业务流程至关重要的数据。根据关键性对数据进行排序，确认哪些属性需要更高的控制和质量审查水平。关键性的指定要求应用最高级别的准确性来处理。评估过程确定了需要清理的数据，以满足数据消费者的要求。数据清理应根据一套预先定义的业务规则进行，以识别操作流程中存在的缺陷。

（四）完善数据安全管理体系

银行应围绕"让数据使用更安全"的核心目标，重点关注数据的使用权限和应用场景，构建数据安全管理体系，主要理念如下：数据安全管理不能仅关注单一产品或技术平台，应该覆盖数据所有使用环节和应用场景；满足数据安全的基本需求，包括数据保护、数据合规、敏感数据管理等；重视数据分类分级、数据角色授权、数据安全过程场景化管理。为了实现数据安全目标，银行必须构建数据安全闭环管理体系，推动数据安全管理体系持续完善。

此外，银行也应该围绕数据全生命周期，明确数据安全的监管法规要求和业务需求，分析对应的安全策略，从组织建设、制度流程、技术工具和人力能力角度评估数据安全现状和数据安全控制措施。评估重点包括以下方面：数据采集阶段，数据分类分级、数据采集安全处理、数据源鉴别和记录、数据质量管理；数据传输阶段，数据传输加密、网络可用性管理；数据存储阶段，存储媒体安全、逻辑存储安全、数据备份和恢复；数据处理阶段，数据脱敏、数据分析安全、数据正当使用、数据处理环境安全、数据导入导出安全；数据交换阶段，数据共享安全、数据发布安全、数据接口安全；数据销毁阶段，数据销毁处置、存储媒体销毁处置。

（五）完善数据治理问题管理机制

利益相关者的参与，包括数据消费者，对于数据治理问题管理至关重要。

这类问题需要通过缺陷分类、优先级确定、根本原因分析和缺陷数据的补救进行管理。在整个过程中，与利益相关者的沟通是至关重要的，且必须包括与数据消费者的沟通，必须让数据消费者了解有缺陷的数据及其对其业务流程的影响。他们可能需要参与分析和确定可接受的解决方案。支持解决过程的重要工具是问题记录和状态跟踪系统。问题记录的链接应该是所有缺陷数据实例的元数据的一部分。该记录将传达给整个组织的所有用户，当一个问题在数据供应链的多个点上被发现时，可以减少重复工作。

（六）提升系统可靠性和准确度

提升系统可靠性和准确度可以从数据清理开始。数据清理应根据一套预先定义的业务规则进行，以识别操作流程中存在的缺陷。数据清理应该在尽可能接近数据采集点的情况下进行，应该有明确的责任和确定的数据清理策略，以确保清理规则是已知的，并避免在数据生命周期的多个点上进行重复清理。数据清理总体目标是根据可验证的文件和业务规则，在数据采集点对数据进行一次清理，以及从根源上修复允许有缺陷的数据。数据修正必须传达给所有的下游存储库和上游系统，使数据保持一致。对于数据生产者和数据供应商来说，有一个一致的、记录在案的升级和变更验证过程是很重要的。此外，银行应识别缺失的数据，确定需要充实的数据，并根据内部标准验证数据，在数据部署到生产环境之前防止错误产生。

（七）数据治理人才培训

人才培训考虑的领域包括：功能培训，如数据管理员的角色；操作培训，包括数据治理倡议的影响以及利益相关者去哪里寻求支持；概念培训，例如为什么数据治理是关键的；依赖性培训，包括如何合作以有效管理数据资产。这些领域的培训所期望的结果是不断强化数据治理倡议的目标引领。为了实现整个组织的数据治理，组织中的每个人都需要了解他们有关数据和数据道德的责任。

四个领域的培训将使组织中的每个人了解他们的责任，以确保组织拥有所需的高质量数据，并确保数据的使用是适当和合法的。高级管理层对培训项目的支持，有助于获得足够的资金。

（八）加强数据治理国际合作

监管部门应进一步在反垄断、数据管理、运营管理、消费者保护等方面加强国际合作，确保对金融科技的监管有效、适度，防范跨境监管套利和金融风险跨境传染。要进一步在鼓励金融科技发展和防范金融风险集聚之间求得平衡，制定并实施较为审慎的监管政策；在监管政策上对外资企业、民营企业等不同市场主体一视同仁，推动金融领域高水平对外开放。

参考文献

胡继明、徐洁：《六大要素助推数据治理》，《中国新通信》2020 年第 2 期。

吴卫明、陈艺纯：《合规视角的银行业数据治理体系建设》，《金融科技时代》2022 年第 9 期。

吴晓灵：《平台金融科技公司监管研究》，《清华金融评论》2021 年第 7 期。

张兆虎、郝路安、武成伟：《农村商业银行数据治理工作研究》，《中国管理信息化》2022 年第 8 期。

中国工商银行信息技术部：《数据治理体系机制研究》，《金融电子化》2014 年第 4 期。

发展创新篇

B.10
2023~2024年"数据要素×"融合"人工智能+"双轮驱动数字经济创新发展研究报告

林 琳[*]

摘　要： 数据要素与人工智能成为数字经济发展的重要驱动因素，二者在互助互促中协同发展。当前，中国大力推动"数据要素×"与"人工智能+"行动的产业落地。本报告系统分析了"数据要素×"与"人工智能+"的融合发展机理，指出二者具备数据支撑性、技术赋能性、价值共创性与快速迭代性四个融合特征，以及价值释放效应、风险伴生效应与数据飞轮效应三个融合效应。"数据要素×"与"人工智能+"融合发展面临自主可控算力建设有待加强、高质量数据规模化供给不足、落地商业模式尚未成熟、安全合规风险日益复杂多样与配套制度规范体系有待完善等问题挑战。本报告建议推动自主可控算力设施建设、深化数据要素市场化配置、加快产业生态体系培育、强化安全治理体系构建以及完善相关制度规范设计。

---

* 林琳，中国移动研究院用户与市场所所长，主要研究方向为数字经济发展、数字技术赋能、数字生活洞察、数据要素市场、数字治理与安全、战略研究与市场策略、大数据应用等。

关键词： 数据要素　人工智能　数字经济　数据基础设施　大模型

一 "数据要素×"与"人工智能+"

融合发展的研究背景

（一）政策背景：国家大力推动"数据要素×"与"人工智能+"行动

1."数据要素×"行动

2023年12月，国家数据局会同中央网信办、科技部、工业和信息化部等16个部门联合印发《"数据要素×"三年行动计划（2024—2026年）》。"数据要素×"行动着眼于在重点行业和领域充分发挥数据要素乘数效应，以场景需求为牵引，带动数据要素实现高质量供给与合规高效流通，推动数据要素在各行各业中的高水平应用，充分发挥数据要素协同优化、复用增效与融合创新作用。"数据要素×"行动的核心是聚焦重点行业和领域，推动数据要素与劳动力、资本、技术等要素协同，促进数据要素多场景应用、多主体复用，加快多元数据融合，提高全要素生产率。

"数据要素×"行动先期选取了工业制造、现代农业、商贸流通、交通运输、金融服务、科技创新、文化旅游、医疗健康、应急管理、气象服务、城市治理与绿色低碳等12个行业和领域，明确了在上述行业和领域发挥数据要素价值的典型场景。"数据要素×"行动计划到2026年底，在全国范围内打造300个以上示范性强、显示度高、带动面广的典型应用场景。

2."人工智能+"行动

2024年《政府工作报告》提出，要"大力推进现代化产业体系建设，加快发展新质生产力"。在深入推进数字经济创新发展方面，要深化大数据、人工智能等研发应用，开展"人工智能+"行动，打造具有国际竞争力的数字产业集群。

从2017年"人工智能"首次被写入《政府工作报告》，到2024年"人工智能+"行动在《政府工作报告》中首次被提出，再到2025年《政府工作报告》提出"持续推进'人工智能+'行动,将数字技术与制造优势、市场优势更好结合起来,支持大模型广泛应用,大力发展智能网联新能源汽车、人工智能手机和电脑、智能机器人等新一代智能终端以及智能制造装备",中国对人工智能的关注重点已从技术研发层面的前沿探索转向产业实践层面的实施落地。"人工智能+"行动旨在推动人工智能技术与经济社会各领域深度融合,支撑各行业智能化转型升级,提高生产效率,形成新业态、新模式。中国新质生产力发展强劲开局,人工智能将促进数字经济和实体经济深度融合。

(二)产业环境:数据要素与人工智能在互助互促中协同发展

1. 数据成为人工智能大模型训练的基础原料

2022年以来,伴随人工智能大模型的突破式发展,数据对人工智能的重要性日益提升。数据作为人工智能大模型训练的基础原料,提供了人工智能大模型所必需的基础知识与信息。数据的质量、规模和多样性将直接影响人工智能大模型的性能,决定人工智能大模型在具体应用场景中的能力上限。当前,业内甚至有人提出"大模型时代,得数据者得天下"的观点。人工智能大模型对数据的需求已从早期的文本数据,逐步拓展到图片、语音、视频等多种模态的数据。这些数据一般来自书籍、报纸、杂志、电视节目、电影、广告、网页等。

2. 人工智能大模型带动数据产业提质升级

面对人工智能大模型发展带来的新需求,以数据采集、数据质检、数据标注为核心的人工智能数据服务产业,正迈入注重技术能力、专业知识的提质升级新阶段。在数据采集领域,数据服务商针对人工智能大模型应用的特定目标与场景进行原始数据采集,逐步加大对音频、图片、视频等非结构化数据的采集力度,多采用定制化服务模式。在数据质检领域,数据需求方联合专业机构围绕数据客观性、准确性、全面性、多元性等维度设置质量检验标准并开展质量检验,以保障人工智能算法的研发与应用能够基于高质量数据。在数据标注领域,数据服务商从劳动密集型向技术密集型、知识密集型转化。人工标注方式已难以满足人工智能大模型训练对海量高质量数据的旺盛需求。借助人工智能技术进行自动化数据标注成为新的发展方向。医疗、金融等行业大模型的发展带来行业对专业知识数据需求的剧增,数据标注的产业分工也将更为专业化、精细化。

（三）理论分析：数据要素与人工智能是数字经济发展的重要驱动因素

1. 数据要素是新生产要素

中国是首个将数据列为生产要素的国家。2017年12月，习近平总书记在中共中央政治局第二次集体学习时指出，"要构建以数据为关键要素的数字经济"[①]。2019年10月，党的十九届四中全会通过的《中共中央关于坚持和完善中国特色社会主义制度 推进国家治理体系和治理能力现代化若干重大问题的决定》明确提出，"健全劳动、资本、土地、知识、技术、管理、数据等生产要素由市场评价贡献、按贡献决定报酬的机制"[②]。从"大数据"到"数据要素"，不仅仅是用词称谓的变化，更是理论、制度、实践等层面的拓展与创新。"大数据"一词本身是舶来品，属于技术范畴词语。"数据要素"一词则为中国首创，属于经济范畴词语。数据要素本身具有可复制性、高流动性、强融合性等特性，这使其具有显著的乘数效应。数据要素作为新生产要素，可与技术、资本、土地、劳动力等其他生产要素相融合从而促进生产力提升。

2. 人工智能是新技术手段

当前，以人工智能大模型为代表的新一代人工智能技术取得实质性突破、加速迈入规模应用的新阶段，正从实验室走向千行百业，逐步融入企业生产、民众生活与社会治理的方方面面。在企业生产方面，人工智能是推动企业从"数字化"向"数智化"升级的重要力量，逐步深层次融入实体经济重点领域。以制造业为例，部分企业利用人工智能实现生产计划的精准制订、设备故障的及时处理、供应链的精准管理等。在民众生活方面，围绕民众在教育、医疗、养老、娱乐等领域的生活服务需求，人工智能通过个人智能助理、个性化推荐、智能家居系统等产品应用，持续提升人们生活便利度、舒适度。在社会治理方面，政府机构利用人工智能有效分析交通、环境、公共服务等领域的多

---

① 《习近平主持中共中央政治局第二次集体学习》，中国政府网，https://www.gov.cn/guowuyuan/2017-12/09/content_ 5245520. htm。

② 《中共中央关于坚持和完善中国特色社会主义制度 推进国家治理体系和治理能力现代化若干重大问题的决定》，中国政府网，https://www.gov.cn/zhengce/2019-11/05/content_ 5449023. htm。

维海量数据，优化资源配置，精准施策，持续提升城市治理水平。

3. 算力是新基础能源

数字经济以数字化、网络化、智能化新技术为支撑，而智能化则需要建立在高性能计算的基础之上。算力如同工业时代的煤炭、石油以及电气时代的电力一样，成为数字经济时代一种重要的新基础能源。随着数据规模的指数级增长、算法复杂度的指数级提升，数字经济发展对算力供给提出"量""质""价"并优的高要求。只有满足上述要求，算力才能成为一种通用、普惠的新基础能源。

二 "数据要素×"与"人工智能+"融合发展的机理分析

（一）"数据要素×"与"人工智能+"的融合特征

1. 数据支撑性

数据支撑性是指人工智能在各行业的有效落地，需要高质量的数据资源以及高价值的数据应用场景做支撑。

在高质量的数据资源支撑方面，对于生成式人工智能而言，模型训练的效果与数据资源质量息息相关。高质量数据资源能够更准确全面地反映客观世界的实际情况，有利于人工智能大模型更为准确全面地认识与理解世界。推动"人工智能+"行动在各行业有效落地，首先需要人工智能"懂行"。实现"懂行"则需要对行业数据资源进行深入挖掘与分析。如前所述，随着行业大模型的发展，各个行业对专业性数据语料库的需求正在快速增长。

在高价值的数据应用场景支撑方面，"数据要素×"行动为"人工智能+"行动落地提供了明确的数据应用场景指引。"数据要素×"行动明确了在 12 个行业和领域所要实现的典型数据应用场景，以数据应用场景创新带动"人工智能+"行动在各行业垂直化产业化落地。2023 年 10 月，中国移动发布"九天·众擎基座大模型"，该模型涉及的训练数据规模超过两万亿 Tokens①，融合了通

---

① 在人工智能大模型训练中，Tokens 指的是将原始文本数据转换成一种模型可以理解的格式。具体来说，Tokens 是文本中的单词、短语或符号，经过某种规则（如空格、标点等）分割后得到的元素。

信、能源、钢铁、建筑、交通等8个行业的专业知识，通过开展面向各个行业的专项训练和优化，服务行业快速打造行业大模型与行业智能化应用。

2. 技术赋能性

技术赋能性是指数据要素自身难以独自发挥作用，需要依托人工智能、大数据、云计算、物联网、区块链等技术手段来提升使用价值与扩大使用范围。人工智能对数据要素的技术赋能，不仅是通过构建算法模型来形成高价值的数据应用，未来将越来越显著地体现在数据要素价值创造链的各个环节。在数据来源方面，人工智能不仅对现实世界产生的数据进行采集，其自身也在生成合成数据。合成数据为人工智能时代一个新的重要数据源。在数据安全方面，数据安全领域面临的主要挑战是数据规模与类型的快速增加以及安全保障措施的实时性要求。人工智能具有海量数据的快速处理能力、多源异构数据的高效关联能力与动态数据的实时处理能力，及时识别潜在的安全威胁和异常行为，迅速采取安全保障措施。

3. 价值共创性

价值共创性包含两个层面，一是数据要素和人工智能是持续互动交织的价值共创者，二是两者的价值创造都具有显著的生产者与消费者基于网络效应开展价值共创的特征。在第一个层面，数据要素在其生产、流通与消费等环节中与人工智能不断互动结合，两者都是价值创造者，产生的应用、产品与服务则是价值创造的载体。在第二个层面，无论是数据要素还是人工智能，在价值创造过程中，消费者都不是被动的价值接受者，往往会有意或无意地参与价值创造。以大数据行业典型应用场景服装定制化生产为例，消费者并不是被动购买生产者提供的现成服装，而是基于自身喜好与特征，依托数字化手段将自身需求数据传递给生产者，由生产者利用大数据、人工智能技术实现高效率、低成本的服装定制化生产。在这一过程中，消费者实际上间接地参与服装定制化生产的价值创造过程。未来，数据要素与人工智能价值共创的效率将得到提升，模式也将更为多样。

4. 快速迭代性

快速迭代性指数据要素与人工智能相互融合会带来技术路径、应用模式等方面的快速变化。在技术路径方面，自2022年11月大语言模型ChatGPT诞生以来，随着人工智能模型参数量的不断攀升，数据和算力在人工智能技术迭代和应用中的重要性愈发凸显。未来，高质量、多模态数据的有效供给以及芯片技术的突破式创新将推动人工智能技术快速发展。在应用模式方面，数据要素与人工智能的融合加速新产品、新服务的创新孵化。近年来，人工智能应用模式进入快速创新期，ChatGPT 问世 14 个月之后，2024 年 2 月文生视频模型 Sora 问世。Sora 可基于文本描述直接输出长达 60 秒的视频，在视频中呈现高度细致的背景、复杂的多角度镜头。未来，在技术快速迭代的推动下，新的人工智能应用模式将进入涌现期。

（二）"数据要素×"与"人工智能+"的融合效应

1. 价值释放效应

在人工智能的技术赋能下，数据的潜在价值得到进一步释放。多年来，数据规模的快速增长并未带来数据价值的快速提高，大量数据仍处于"沉睡"状态。其背后的一个主要原因就是数据规模与数据处理能力之间存在"剪刀差"。对于数据持有者而言，不解决"剪刀差"的问题，越来越多的数据不仅不会成为财富，甚至还会成为负担。

人工智能技术的突破式发展有助于缩小数据规模与数据处理能力之间的"剪刀差"，充分推动数据价值的有效释放。据 IDC 公司的测算，2025 年全球数据规模将达到 163ZB，其中 80%～90% 是非结构化数据。以公开的互联网网页数据为例，过去相关数据服务商采用网络爬虫等技术手段，主要对公开的互联网网页中的文本内容等结构化的数据进行采集分析，形成相应的数据分析报告，为数据需求方提供信息服务。在这种情况下，公开的互联网网页中的海量非结构化数据的潜在价值未得到充分释放。在人工智能的技术加持下，公开的互联网网页中的图片、语音与视频等海量非结构化数据的潜在价值也得到充分的开发利用。

2. 风险伴生效应

人工智能在使数据潜在价值有效释放的同时，也有可能带来一系列的潜在风险。数据是人工智能大模型发展的"养料"，数据质量直接影响模型质量。"毒数据"会带来"毒模型"，并通过人工智能大模型在各行各业的广泛应用，进一步带来潜在风险。生成式人工智能大模型的推理过程不透明，存在数据"黑盒"。如果数据语料存在代表性不足、时效性不够、完整性不高等问题，会导致人工智能大模型生成错误内容、产生价值偏差等。随着合成数据成为一个重要数据源，人工智能大模型将产生很多的文本、图像、语音和视频，越来越多的数据将真假难辨,这也构成了一种潜在风险。

人工智能大模型带来的数据自动交互传输也容易引发敏感信息泄露等问题。这种数据自动交互传输如果涉及跨境数据流动,甚至会危及国家安全与数据主权。数据安全服务机构赛博天堂(Cyber Heaven)的监测显示,其客户公司的 160 万名员工中已有 4.2% 的员工将包含商业秘密的数据输入 ChatGPT。其中,有企业高管将内部文件复制到 ChatGPT 并利用其生成幻灯片,还有医生将患者的姓名和医疗信息输入系统并生成给保险公司的信函。[①]

3. 数据飞轮效应

数据飞轮效应是指围绕数据生产、流通与消费等环节,数据要素与人工智能之间可形成自驱动、自增长、自循环、自优化的闭环体系,持续提高资源的配置效率,驱动生产方式、管理机制以及商业模式等方面的创新。过去业界提到的数据飞轮效应多是关注业务与数据之间的双向驱动。在人工智能的加持下,数据飞轮效应得到进一步增强。数据要素与人工智能的融合推动了数据的自动生产与流动,促进了数据应用迭代与价值创造。数据飞轮闭环体系包括数据采集、存储、传输、处理、分析与应用等环节。基于该体系中数据的不断循环和积累,人工智能模型及应用可以持续改进与优化,形成自驱动的数据飞轮闭环体系。随着数据规模的不断扩张与质量的不断提升,人工智能可以更有效地进行模型训练与模型应用,并采集模型应用过程中产生的新数据,实现数据反哺,优化数据算法和模型,推动人工智能技术进步,实现正向循环。

(三)"数据要素×"与"人工智能+"的融合机制

1. 基础设施提供融合载体

以网络设施、算力设施、数据流通设施与数据安全设施为代表的数据基础设施,为推动"数据要素×"与"人工智能+"的充分融合提供了有力载体。数据基础设施具有跨行业、跨地域、跨层级、广泛覆盖、普惠共享的特点,为"数据要素×"行动与"人工智能+"行动在各行业的落地提供了有力支撑。借助数据基础设施的规模效应,可有效降低"数据要素×"与"人工智能+"

[①] 张欣:《生成式人工智能的数据风险与治理路径》,《法律科学》(西北政法大学学报)2023年第 5 期。

融合的成本，并有助于推动融合模式、融合经验的大范围推广复制。

近年来，随着人工智能技术研发及行业应用的加快，业界对算力设施提出了更高的要求。人工智能模型的发展带来并行计算以及异构计算需求的大幅增加，对算力设施的计算效率、稳定性等提出诸多要求。算力设施的建设是一个复杂的系统性工程。在算力设施建设方面，中国移动积极构筑算力网络，将算和网相融合，截至 2024 年 6 月底，已形成"4+N+31+X"① 的数据中心布局，总算力达到 27.8 EFLOPS②，构建全国 20ms、省域 5ms、地市 1ms 的三级算力时延圈。

2. 行业应用提供融合抓手

实现数据要素与人工智能价值的有效释放，关键在于以行业应用为抓手推动产业落地，在产业实践中及时发现和解决"数据要素×"和"人工智能+"融合过程中可能面临的技术瓶颈、实施成本、安全合规等方面的问题。从全球范围看，通过应用牵引推动人工智能技术落地已成为各国共识。例如，美国推动面向建筑、医疗、生物、地质、电气、教育、能源等多个行业应用场景的人工智能技术研发；日本推动人工智能技术在医疗、农业、交通物流、智慧城市、制造业等行业的应用落地。

"以应用带融合"是推进"数据要素×"和"人工智能+"产业落地的有效路径。二者融合所催生的新技术、新模式、新产业、新业态不是凭空产生的，要孵化于具体行业应用场景之中。例如，中国移动面向政务行业开发的"九天·海算政务大模型"依托政务事项理解能力、多维度信息关联能力和多元交互能力，服务于工作人员动态管理、公文写作等业务场景；中国移动面向客服行业开发的"九天·客服大模型"，可帮助客服人员分析历史沟通内容的语义和上下文，总结归纳对话重点和关键信息，并提供回复建议，提升客服人员工作效率与质量。

3. 产业生态提供融合环境

结合人工智能的数据价值创造产业链条涉及多个环节、多个主体，"数据

---

① "4"：京津冀、长三角、粤港澳大湾区、成渝等4个热点业务区域。"N"：国家枢纽节点10个数据中心集群内规划的超大型数据中心。"31"：各省份规划的超大型数据中心。"X"：各地市级数据中心及汇聚机房。

② EFLOPS 是 ExaFLOPS 的缩写，即 10 万亿次浮点运算。

要素×"与"人工智能+"的融合不是单个环节上的融合，而是要依托产业生态体系实现全产业链的有机融合。数据要素与人工智能均具备强大的跨行业融合能力与横向整合能力，相应的产业生态体系将具备显著的跨行业、跨领域特征。在这个产业生态体系中，跨界获取与利用数据将会极大地增强数据应用的创新潜力，将自身行业数据应用于其他行业领域，也会促进新商业模式和新产品服务的孵化。在数据要素乘数效应以及人工智能技术加持下，行业之间的界限将日益模糊，跨界、跨行业的产业生态体系将成为驱动数字经济发展的重要力量。

4. 安全治理提供融合保障

针对"数据要素×"与"人工智能+"融合带来的风险伴生效应，需要构建完备的安全治理体系，以保障二者的融合不脱轨、不失控。安全治理体系包括管理保障、技术保障与运营保障三个层面。在管理保障层面，随着《中华人民共和国网络安全法》《中华人民共和国数据安全法》《中华人民共和国个人信息保护法》《关键信息基础设施安全保护条例》等的实施，以及《互联网信息服务算法推荐管理规定》《互联网信息服务深度合成管理规定》《生成式人工智能服务管理暂行办法》等的出台，中国在数据要素与人工智能领域的安全治理管理保障框架体系已初步形成。在技术保障层面，通过加强安全技术创新，构建覆盖基础设施、数据资源、算法模型、数据应用的立体化风险防护技术体系，提升应对数据泄露、数据滥用、算法安全与设施安全等风险挑战的技术保障能力。在运营保障层面，围绕数据要素"采存算管用"全生命周期，以相关管理制度为指引、以相关技术手段为依托，实现安全评估、隐患排查、应急处置、安全审计等方面安全治理工作的常态化与可持续化。

三　"数据要素×"与"人工智能+"
融合发展的问题挑战

（一）自主可控算力建设有待加强

自主可控算力是数据安全和隐私保护的基础，是推动"人工智能+"应用创新的关键，是促进"数据要素×"有效落地的重要保障。中国在自主可控算力建设上面临诸多挑战，具体表现为：算力资源分布分散，缺乏高效的连接和整合机制，算力资源无法充分利用；关键核心技术受制于人，例如在人工智能芯片等关键技术领域，对国外技术供应依赖度较高。

用于大模型训练的 GPU 芯片是当前算力设施建设的一个重要需求，也是智算中心的核心硬件之一。GPU 芯片直接影响中国算力设施的技术水平和建设使用成本，进而影响人工智能大模型的落地进展以及新技术的孵化创新。人工智能大模型需要大规模的 GPU 芯片用于训练和推理。当前，中国 GPU 芯片对海外进口依赖度较高，国产 GPU 芯片尚未实现规模化应用。有关国家加紧了对中国 GPU 芯片的出口管制，给中国算力设施建设带来了一定的挑战。

（二）高质量数据规模化供给不足

高质量数据是提升人工智能大模型性能和精度的关键，是推动"数据要素×"与"人工智能+"深度融合的重要基础。高质量数据规模化供给不足会制约大数据、人工智能等技术的深度应用，影响行业数据应用的效果。随着人工智能深度融入行业发展，其对垂直行业专业知识数据的需求急剧上升，高质量垂类数据稀缺性将更强。行业垂类数据通常为相关政府部门和企业所拥有，出于安全合规风险大、预期经济收益不明确等方面的考虑，行业垂类数据对外流通交易仍存在诸多困难。高质量垂类数据在供应链各环节的不同企业之间分布不均衡。

人工智能大模型时代的数据语料面临规模不足、质量不高、丰富度不够、安全合规风险高等问题。当前，全球用于人工智能大模型训练的数据语料主要来自免费公开的数据集，如网页公开数据，无论是数量还是质量都同人工智能大模型的要求相去甚远。单纯比较免费获得的公开数据集，高质量的中文数据语料库相比英文数据语料库更为稀缺。中国工程院院士高文曾指出，在全球主流大模型数据训练集中，中文数据语料占比仅为 1.3%。一些主流数据集（如 Common Crawl、BooksCorpus、WiKipedia、ROOT 等）以英文为主。在最流行的 Common Crawl 中，中文数据语料只占其 4.8%。中文数据语料短缺的问题不是依托机器翻译的手段就能有效解决的。例如，大模型的价值观来源于数据语料的价值观。英文数据语料通过翻译虽然可从语言层面转化为中文数据语料，但其反映的仍是承载于英文数据语料中的价值观。

（三）落地商业模式尚未成熟

成熟且落地的商业模式能够为"数据要素×"与"人工智能+"融合发展提供有力支撑，降低融合发展的市场风险和不确定性，进而促进数字经济创新发展。商业模式是市场主体利用数据创造价值、传递价值、获取价值和实现价值的方式。当前，无论是数据要素还是人工智能，都处在产业早期探索阶段，相关企业的商业模式尚未成熟。数据服务商、人工智能服务商虽已具备数据要素化核心环节的服务能力，但尚未形成规模化的业务落地，商业模式有待探索和验证。大多数市场主体仍处于数据要素与人工智能应用经验的积累期，暂未开展对外业务。市场主体推动商业模式落地面临生态体系待完善、市场规则待统一等问题。

（四）安全合规风险日益复杂多样

在数据多层级、多系统、多主体的流转过程中，存在数据泄露、数据滥用等诸多风险，尤其在涉及跨领域、跨行业的数据流通时，由于各方利益和数据标准的不统一，面临的安全合规风险更为复杂。"数据要素×"与"人工智能+"的融合会进一步使安全合规风险复杂多样。人工智能大模型的训练数据可能包含受版权保护的作品，若未经授权使用，可能会带来知识产权侵权风险；可能包含个人隐私信息，若未经个人同意或未进行适当匿名化处理，可能会带来个人隐私泄露风险。人工智能大模型可能会因为训练数据的偏差而产生算法偏见，导致歧视性决策风险，在招聘、信贷等应用场景下此类风险尤为突出。此外，当人工智能应用出现问题、造成危害时，由于数据要素流通利用链条长且复杂，可能存在多个主体参与以及一个主体承担多个角色的情况，责任归属的界定也比较复杂。

（五）配套制度规范体系有待完善

数据要素、人工智能所驱动的数字经济在创新发展过程中具有跨界融合、创新性强等特点，而传统制度规范体系多侧重于对某一特定领域或行业进行规制，难以适配数字经济跨界融合发展的特点。随着大数据、人工智能等新一代信息技术的快速发展与应用，现有制度规范体系难以应对新技术带来的挑战，包括如何在大模型背景下开展跨境数据流动的有效监管，如何有效保障个人隐私、个人知情权与知识产权等。人工智能的决策过程往往被视为"黑箱"，缺乏透明度和可解释性，一旦出现问题难以追究责任，也难以有效保障公民的知情权和参与权。人工智能的发展引发了诸多伦理问题，如算法歧视、自动化失业等，现有制度规范体系在处理这些伦理问题方面尚存在不足。

四　"数据要素×"与"人工智能+"融合发展的对策建议

（一）推动自主可控算力设施建设

建设自主可控算力设施是一个复杂的系统工程，需要政府、企业和社会各方的共同努力。建议制定长期的发展规划和顶层设计方案，明确算力设施的建设目标、技术路线、发展重点和建设路径。结合国家发展战略和产业需求，对算力设施进行统筹布局，优化资源配置，避免重复建设和资源浪费。建议提升算力设施的自主创新能力，加快算法模型、高性能人工智能芯片、计算系统、深度学习框架、软件工具等领域关键技术的攻关与重要产品研发，构建软硬件协同体系。构建覆盖硬件、软件、算法、应用等的自主可控算力设施生态，培育完整的产业链与生态体系，推动自主可控算力设施更广更深地融入产业实践。通过产业实践推动自主可控算力设施从"可用"到"好用"的持续发展，以产业价值驱动技术创新与设施建设，提升自主可控算力设施产业链关键环节的控制力与竞争力。

（二）深化数据要素市场化配置

为推动数据要素"供得出、流得动、用得好"，需要大力推动数据要素市场化配置，实现数据要素市场规模化、规范化发展。规范化发展是实现规模化发展的前提，规模化发展是促进规范化发展的目的。促进数据要素市场规范化发展，需要进一步完善数据产权、流通交易、收益分配与安全治理等领域的基础制度，并形成产业实践层面可参照落实的行业标准与规范，将数据制度、数据标准承载于数据基础设施中，依托数据基础设施提供的技术保障，推动制度规范的有效落地与持续完善。为促进数据要素市场规模化发展，在加强制度保障与技术保障的基础上，以高价值典型应用场景为牵引，以高水平应用带动高质量数据供给，促进场内流通交易与场外流通交易协调发展。

（三）加快产业生态体系培育

当前全球范围内的科技竞争不是关键技术的单点竞争，而是基于关键技术产业生态的立体竞争。完善的产业生态体系是促进技术有效落地与产业高质量发展的基础，有助于加速新技术、新商业模式与新应用场景的孵化与创新，连接产业链上下游，促使科技成果更快地转化为产品服务。构建产业生态体系需要加强政产学研用的有效协同，加强跨行业、跨领域的业务合作。可围绕关键技术的自主可控以及典型场景的数据开发应用，推动科技创新链、产业应用链、技术支撑链、资金供给链、人才服务链和政策引导链的深度融合，构建高水平、全方位、多层次的产业生态体系。依托完善的产业生态体系优化产业链布局，推动上下游企业、跨行业企业的紧密合作和协同发展，提高产业链的效率、活力与韧性。

（四）强化安全治理体系构建

强化安全治理体系构建是促进"数据要素×"与"人工智能+"可持续融合的基石。在管理保障层面，以相关政策法规为指引，完善安全治理相关标准和规范，确保数据要素、人工智能相关的技术研发与落地应用符合国家、行业与企业等层面的安全要求，实现在安全治理方面"有章可依"。在技术保障层面，鼓励科研机构、高校和企业加大在安全治理技术领域的研发投入力度，重点关注网络安全、数据安全、系统安全等领域的新技术、新方法、新工具，及时跟踪和引进国际先进技术，提高安全治理技术水平，实现在安全治理方面"有技可用"。在运营保障层面，以数据安全监测和管控能力为支撑，构建覆盖数据全生命周期的预警监测、应急处置与反馈优化的长效机制，实现在安全治理方面"持续优化"。

（五）完善相关制度规范设计

以促进技术发展与强化风险规制为目标，完善"数据要素×"与"人工智能+"配套制度规范设计，为二者的可持续的融合创新预留空间、提供保障。在促进技术发展方面，针对大数据、人工智能等新一代信息技术发展的特点和需求，制定相应的科技创新制度规范，有效促进科学研究与技术开发，为加快实现关键技术自立自强提供制度保障。在强化风险规制方面，围绕人工智能相关的技术研发、应用等设计相应的管理制度与伦理规范，在基本原则、权利保护、责任分担等方面做出界定。针对人工智能相关技术本身的不确定性与复杂性，可基于应用场景、风险等维度构建分类分级的制度规范体系。

参考文献

高同庆：《推进"AI+"焕新向实 培育发展新质生产力》，《学习时报》2024 年 3 月 11 日。

国家工业信息安全发展研究中心：《2023 人工智能基础数据服务产业发展白皮书》，2023。

量子位智库：《中国 AIGC 数据标注产业全景报告》，2023。

欧阳日辉：《数实融合的理论机理、典型事实与政策建议》，《改革与战略》2022 年第 5 期。

王伟、刘鹏睿、刘敬楷：《构建全方位人工智能安全治理体系》，《中国网信》2024 年第 2 期。

张欣：《生成式人工智能的数据风险与治理路径》，《法律科学》（西北政法大学学报）2023 年第 5 期。

张夏恒、刘彩霞：《数据要素推进新质生产力实现的内在机制与路径研究》，《产业经济评论》2024 年第 3 期。

中国信息通信研究院：《中国综合算力评价白皮书（2023）》，2023。

B.11

2023~2024年金融行业数据要素
融合创新发展报告

"金融行业数据要素市场化研究"课题组*

摘　要： 本报告深入探讨了中国金融行业数据要素市场化的发展现状、挑战与应对策略，回顾政策演进，强调数据安全与基础设施保护的重要性。金融创新可助力效率提升与数据要素资产化，中国光大银行等案例展现了数据要素资产化的成功实践。然而，数据产权规则、数据资产入表规则不完善及数据安全存在风险等问题突出。本报告建议尊重数据产权、探索数据资产规则、构建数据安全可信流通体系，以推动金融行业数据要素市场化健康发展。

关键词： 数据要素市场化　金融创新　数据产权　数据安全流通

一　金融行业数据要素市场化发展现状

中国金融行业数据要素市场化相关的政策，从只强调个人隐私权与个人信息保护的1993年10月通过的《中华人民共和国消费者权益保护法》，到明确提出数据要素市场化与建立数据要素流通规则的2020年4月印发的《中共中央 国务院关于构建更加完善的要素市场化配置体制机制的意见》，再到提出建设全国统一数据要素大市场，一直在逐步深化。金融行业数据要素的分类分级标准，从2018年9月公布的《证券期货业数据分类分级指引》，到2020年9

---

* 本报告由"金融行业数据要素市场化研究"课题组完成，课题组牵头人为郭兵（浙江理工大学数据法治研究院副院长、浙江垦丁律师事务所数据合规部主任）、汤寒林（华东江苏大数据交易中心总经理、贵州数据宝网络科技有限公司董事长）、王牧（华东江苏大数据交易中心副总经理）。

月发布的《金融数据安全 数据安全分级指南》，再到 2023 年 7 月起草的《中国人民银行业务领域数据安全管理办法（征求意见稿）》，逐步完善。为落实金融行业数据要素的安全保密流通，全国金融标准化技术委员会在 2019 年启动了多方安全计算、联邦学习等助力金融行业数据要素市场化的行业标准制定。

（一）国家金融数据安全规则体系日益健全

1. 金融数据安全规范使用

信息安全已上升到国家安全的战略地位，保证信息安全最根本的方法是基础软件和基础硬件都由自己控制。数据安全是信息安全的重要组成部分，在无法实现基础软件和基础硬件全部国产化的情况下，保障数据安全传输成为一个重要的议题，而加密算法正是数据安全传输的核心。

一方面，随着金融数据安全上升到国家安全高度，近年来国家有关机关和监管机构站在国家安全和长远战略的角度提出推动国密算法应用、加强金融行业数据安全可控。摆脱对国外技术和产品的依赖，建设金融行业数据安全环境，增强金融行业信息系统的"数据安全可控"能力显得尤为必要和迫切。国家密码管理局为了保障商用密码的安全性制定了一系列密码标准。

另一方面，随着大数据和"互联网+"等新兴技术的发展，数据的作用不断凸显，金融行业是产生和积累数据最多、数据类型最丰富的行业之一，数据安全与个人信息保护在新时代也面临新的风险与挑战。由中国银行保险报组织编写、亚信网络安全产业技术研究院提供智力支持的《金融行业网络安全白皮书（2020 年）》显示，金融行业隐私泄露事件大约以每年35%的速度增长。金融数据是关乎组织核心竞争力的重要资产，数据信息一旦泄露，不仅会给客户造成直接经济损失，也会给金融行业的声誉带来负面影响，甚至会导致金融机构承担相关的法律责任，支付巨额的罚款。而针对金融数据，根据中国人民银行发布的《金融数据安全 数据安全分级指南》（JR/T 0197—2020），金融数据是指金融业机构开展金融业务、提供金融服务以及日常经营管理所需或产生的各类数据，该类数据可用传统数据处理技术或大数据处理技术进行组织、存储、计算、分析和管理。之后，中国人民银行为落实《中华人民共和国数据安全法》有关要求，加强业务领域数据安全管理，起草了《中国人民银行业务领域数据安全管理办法（征求意见稿）》。该办法分为总则、数据分类分级、数据安全保护总体要求、数据安全保护管理措施、数据安全保护技术措施、风险监测评估审计与事件处置措施、法律责任、附则八章，共五十七条。

2.关键信息基础设施得到保护

重要的金融行业信息系统属于关键信息基础设施（简称关基）的范畴。根据《中华人民共和国网络安全法》给出的定义，关键信息基础设施是"公共通信和信息服务、能源、交通、水利、金融、公共服务、电子政务等重要行业和领域，以及其他一旦遭到破坏、丧失功能或者数据泄露，可能严重危害国家安全、国计民生、公共利益"的设施。关基最初的主要组成部分为信息和电信部门，但随着网络的普及与发展，以及信息基础设施的完善，关基的范围也在不断扩大。国务院在公布的《关键信息基础设施安全保护条例》中指出，"关键信息基础设施，是指公共通信和信息服务、能源、交通、水利、金融、公共服务、电子政务、国防科技工业等重要行业和领域的，以及其他一旦遭到破坏、丧失功能或者数据泄露，可能严重危害国家安全、国计民生、公共利益的重要网络设施、信息系统等"。关键信息基础设施安全保护从根本上讲是为了保护上述设施，防止其受到网络入侵等网络恐怖袭击，给国家安全带来极大隐患。除了网络恐怖袭击事件，现在国家之间的网络战争也在加剧，且发生频率逐年升高。因此，为了保障国家安全与社会稳定，关键信息基础设施必须得到妥善与系统的保护。

（二）金融创新助力效率提升与数据要素资产化

近年来，在政策引领和市场需求推动下，数据要素市场呈现快速发展的趋势。在金融领域，金融行业数据要素助力的人工智能技术被广泛应用，不断推动行业的变革和发展。2023年3月，OpenAI宣布其GPT-4技术与摩根士丹利的财富管理部门达成一项重要合作。GPT-4这一款新型大语言模型在处理金融领域问题方面具有显著优势，其准确性、处理大量数据的能力以及在回答问题方面的速度均为行业领先，在金融领域具有广泛的应用前景。在合作的具体内容方面，GPT-4将为摩根士丹利的财富管理部门提供全球公司、行业、资产类别、资本市场和不同地区的最新信息。此外，这次合作还利用人工智能技术优化客户服务，简化业务流程，为金融领域的数字化转型注入新的活力。

在数据要素资产化方面，中国光大银行在以下几个方面取得成绩：数据资产管理平台的构建、数据资产目录的建立、数据资产共享与流通以及数据资产价值评估。中国光大银行在数据资产管理平台构建上进行了大量投入，建立了一套行之有效的管理体系。该平台具备数据整合、数据存储、数据计算、数据分析、数据应用等功能，能够实现对数据全生命周期的管控。中国光大银行还建立了完整的数据资产目录，对所有数据资产进行了分类、编码和标准化。该目录能够清晰地展现数据资产的来源、含义、关系和价值等信息，为内部用户提供了便捷的数据资产查找和利用服务。通过构建数据服务总线，中国光大银行实现了数据资产的内部流通和共享。不同的业务部门之间可以方便地共享和交换数据资产，从而降低数据资产冗余度和提高数据资产利用效率。在数据要素资产化过程中，中国光大银行通过引入专业的评估方法和工具，对各类数据资产进行量化评估，从而形成更加全面和准确的数据资产价值认知。通过建立完善的数据资产管理体系，中国光大银行实现了数据的高效整合、存储、计算、分析和应用。同时，通过数据资产共享与流通和价值评估等工作，中国光大银行充分挖掘数据资产的内在价值，并为业务发展提供了有力的支撑。这一案例对其他机构数据要素资产化具有借鉴意义。

（三）新技术与创新工具推动行业应用不断深化

1. 可信互联技术

根据金融数据要素在市场上的应用，将其分为个人金融数据要素和产业金融数据要素。国家出台的《中华人民共和国数据安全法》及《中华人民共和国个人信息保护法》等法律法规对金融数据要素涉及个人信息的要求，各类金融机构已经严格落实。本报告主要研究供应链金融涉及的产业金融数据要素领域中技术的应用。

在实体企业融资难、融资贵的大背景下，互联网和大数据技术的深度应用，使供应链金融越来越受到关注。中共中央、国务院高度重视供应链金融工作，各部委围绕供应链金融发展问题制定出台了一系列政策措施，大力支持供应链金融创新、提升服务实体经济效率等。供应链金融以其强场景化属性与产业链紧密结合，可服务核心企业、上下游企业，得到金融机构、核心企业、上下游企业等市场主体的青睐。

但多数供应链金融业务在开展过程中面临风险控制难、操作效率低、实施成本高等问题。随着以人工智能、区块链、云计算、大数据、物联网等为代表的信息技术逐步深入应用，实现了从风险控制、操作效率提升、实施成本降低等方面对传统金融业务进行优化升级。供应链金融业务的核心是金融，而金融经营往往存在风险，科技不能杜绝风险，但可以识别风险、监测风险、量化风险，并提供金融风险定价的支持。

2. 隐私计算技术

数据从"资源"到"资产"再到"要素"的转变，关键在于流通，然而，数据流通导致数据安全形势更为严峻，威胁个人隐私、商业秘密，甚至国家机密。隐私计算对保障数据安全流通和发挥数据资源价值具有重要意义。隐私计算可以从三个方面赋能数据流通：一是隐私计算"数据可用不可见、数据不动价值动"的特性可有效保障数据安全和用户隐私；二是隐私计算可提供监管接口，实现"数据可监管可追溯"，保障数据全生命周期安全；三是隐私计算可有效分离数据所有权与数据使用权，让数据交易与价值核算合理化。

金融行业是数据密集型行业，金融行业借助隐私计算技术，基于内外部数据进行联合建模，可实现智能风控、精准营销、保险联合营销、金融反欺诈、反洗钱、中小微企业金融服务、存量客户运营，解决金融数据利用过程中面临的数据安全问题、数据孤岛障碍，促进数据价值释放。

隐私计算不是单一的技术，而是一个技术体系，主流技术路线可以分为三类：基于密码学的多方安全计算、基于分布式机器学习的联邦学习和基于可信硬件的可信执行环境，三类技术路线协同融合、优势互补，以满足不同场景下的隐私计算需求。

3. 大模型

迅速发展的大模型正在成为 AI 新型基础设施，并被广泛运用于金融等多个行业。大模型是指参数量巨大、能力强大的人工神经网络模型，以卓越的表现在自然语言处理、计算机视觉、语音识别等领域获得持续的关注和青睐。尤其是金融领域，场景丰富、数字化程度高，是大模型落地应用的最佳领域之一。大模型在风险管理、欺诈检测、客户服务等场景中有着重要作用，多家金融科技企业争相涌入大模型赛道。

作为人工智能基础设施的"三驾马车"之一，数据的重要性不言而喻。

随着大模型热潮进入高峰期，业界对数据的关注度前所未有。大模型发展所需数据不只是互联网免费公开的数据，要训练出精度极高的大模型，需要行业专业数据，甚至商业机密类型的数据。

可以以大模型训练数据为抓手，构建大模型训练数据要素市场。厘清训练数据采集处理、合成数据服务、大小模型互联互通、应用 API 之间的产业链。加快训练数据要素市场建设，为训练数据提供市场化定价，以实现权益分配与激励。

由此可见，正是数据对大模型的重要作用，使数据快速地流动和交换，而大模型的应用有助于挖掘数据的潜在价值和用途，使数据的价值得到进一步提升。大模型对于推动数据要素市场化具有重要的意义，在市场化的背景下，大模型可以促进数据要素的市场化交易，为经济发展注入新的动力。

4. 金融行业算法模型

金融行业的技术创新和应用主要集中在区块链、移动支付、大数据和云计算等技术上。随着技术的不断进步，科技的创新会让更多的应用在金融行业出现，改变金融行业的发展方向，也对金融行业的基础安全提出更高的要求。金融行业的安全运行、防范和化解金融风险、维护金融市场的稳定，都是在金融行业创新发展的过程中不可忽略的问题。

金融行业的基础安全是金融市场稳定和可持续发展的关键，而黑灰产的存在，是威胁金融行业基础安全的关键问题。伴随金融行业的创新发展，相关黑灰产的作案手法同样在进行"技术升级"，面对扰乱金融市场秩序、侵害财产安全、破坏金融生态等安全问题，金融行业防御技术的升级和创新的必要性显得尤为突出。

从长远来看，算法模型在自我更新的过程中会加入更多的创新元素，尤其在金融行业创新发展的大背景下，每一个新环节的出现都会伴随风险防控策略的调整。而技术创新带来的风险防控的盲区，需要在算法模型领域进行及时的填补。当然，其他创新技术的革新也会给算法模型的更新带来更多的机会和可能。例如，人工智能技术后续会在金融行业的算法模型领域有更高的参与度，可以通过 AI 的深度学习，提升算法模型发现涉赌涉诈相关信息的能力，也可以通过扩大检索信息的范围，加强对于用户行为的关注和分析，及时发现并防范涉赌涉诈行为的发生。区块链技术提供了透明可信的交易方式，在金融行业的算法模型后续更新中起到至关重要的作用。金融行业在不断发展过程中对算法模型进行技术更新和应用创新，算法模型的实际应用会成为金融行业风险防范的重要一环。

（四）平台建设赋能金融行业数据要素市场化

《"十四五"国家信息化规划》提出"提升数据要素赋能作用，以创新驱动、高质量供给引领和创造新需求"。金融机构掌握了大量的金融交易数据和客户敏感信息，既是数据的生产者，也是数据的分析和存储者。金融机构应主动融入数据要素市场化探索，利用数据并释放数据价值。"金融数据资源—金融数据资产—金融数据产品"的整个过程，需以中共中央、国务院印发的《关于构建数据基础制度更好发挥数据要素作用的意见》为指引，并引入整个金融数据全生命周期模型，该过程可概称为数据要素市场下的数据治理（见图1）。

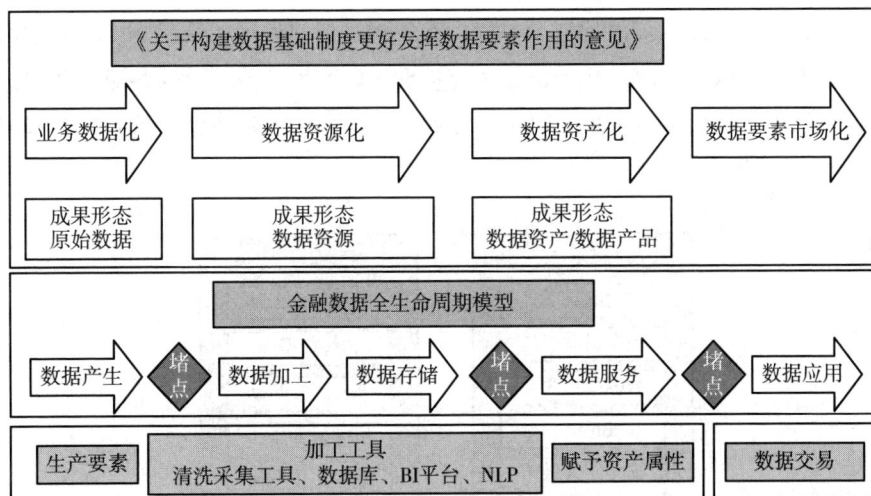

图1　数据要素市场下的数据治理

从信息时代初期的数据存储、处理，过渡到发展阶段的发挥数据辅助性功能，再到智能化时代的数据要素化和数据要素化应用，数据已像资产一样在社会中流通，与企业业务深度融合，将以人为轴拉起的业务链条变为以数据为轴

的业务链条，实现企业业务数据化运营及降本增效。数据从原始数据成果形态
到实现数据要素市场化，需要经历以下几个阶段。

第一阶段，业务数据化。将原本未上线的数据线上化，整合优化 ERP 系统、CRM 系统、SAP 系统、财务系统、OA 系统等信息系统（见图2）。

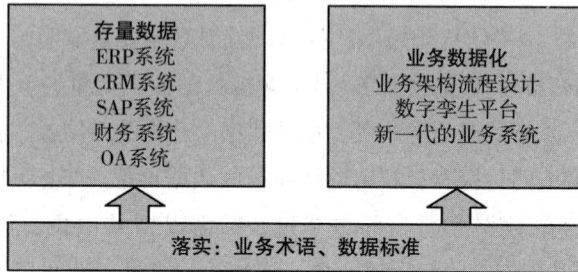

图2　数据要素市场化第一阶段：业务数据化

第二阶段，数据资源化，类似"石油开采"。就像埋藏在地下的石油不经过开采就无法变成有价值的资源一样，在不经过任何处理的情况下，现实中的数据常常是分散的、碎片化的，无法直接利用以产生价值。对这些原始数据进行初步加工，最后形成可采、可见、互通、可信的高质量数据，就是数据资源化过程（见图3）。

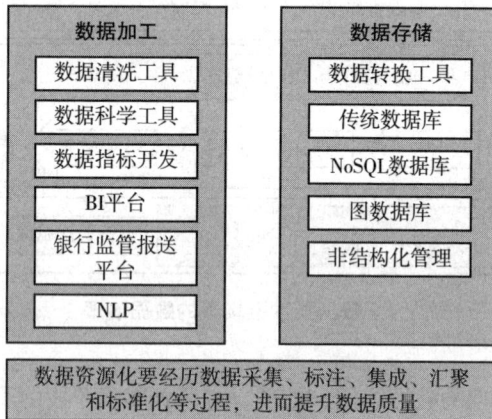

图3　数据要素市场化第二阶段：数据资源化

第三阶段，数据资产化。2023年，大数据技术标准推进委员会发布的《数据资产管理实践白皮书（6.0版）》从资产的概念出发，明确了数据资产的范畴：由组织合法拥有或控制的数据，以电子或其他方式，例如文本、图像、语音、视频、网页、数据库等记录的结构化或非结构化数据，可进行计量或交易，能直接或间接带来经济效益和社会效益。数据资产化，类似"石油炼化"，原油从地下开采出来，经过庞大的炼化工艺体系，转化为用于不同用途的燃料和化工原料之后，原油的价值才能得到最大限度的发挥。这一过程应围绕数据的经济属性，开展数据资产盘点、数据资产评估、数据资产定价等工作（见图4）。

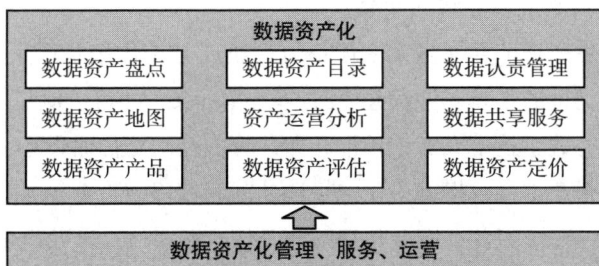

图4 数据要素市场化第三阶段：数据资产化

第四阶段，数据要素市场化。数据中蕴含了经济社会运行从宏观到微观的规律和机理，潜在价值巨大，但数据本身并不能直接产生价值。只有把数据与具体的业务场景融合，才能在提升业务效率中实现其潜在价值，实现这一价值需要通过数据要素市场化。该过程的本质是数据驱动业务变革，通过"数业融合"实现数据价值的过程，更多地体现为一个产业经济过程，将数据变成维系数字经济运行及市场主体生产经营所必须具备的基本要素（见图5）。

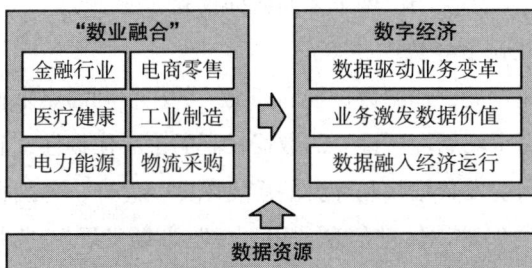

图5 数据要素市场化第四阶段：数据要素市场化

二 金融行业数据要素市场化的挑战与应对策略

（一）金融行业数据要素市场化的挑战

1. 数据产权规则不完善

当前，中国数据要素市场化处于快速发展阶段，前景广阔。然而，确权难、流通交易难等问题成为数据要素市场化面临的瓶颈。"数据权利冲突"的复杂性，是数据确权难的根本原因，具体来说有以下几方面因素。

（1）混合权利主体导致的冲突

企业数据生产环节存在多元主体。信息通过电子化记录产生数据的过程，至少涉及两种类型的主体，即信息源主体（单一或多个）、电子化记录主体。数据生成环节对数字技术具有依赖性，即计算机及网络传输设备、操作系统及应用软件等。企业进行数据电子化记录和处理的过程中，需要各类数字技术产品与服务方的参与。因此，企业数据既涉及信息源主体又涉及电子化记录主体等，这是数据生产环节多元主体共存的原因之一。而如何界定各主体对共同作用产生的数据的权利，是数据权利主体冲突的一个分析难点。

（2）数据权利理论导致的冲突

数据权利理论的一些基本观点尚未形成共识。在数据权利理论方面，中国学界提出的权属主要是围绕人格权、财产权、隐私权、商业秘密权、知识产权等权益，不足以涵盖数据权利中的动态结构和多元欲求。关于数据权利理论是否适应人工智能技术发展的问题，有学者提出数据与所有权逻辑之间存在内在冲突，基于数据的特征不能对数据进行类似有体物的所有权安排，需要选择恰当的数据权利理论，解决当前和未来的数据权利冲突。

（3）数据市场制度导致的冲突

数字技术快速发展，加剧数据权利冲突。数据权利需要来自社会体制的认可与保障，但数据市场制度所确立的数据权利的边界模糊性，和相较于社会发展的滞后性，成为引发数据权利冲突的重要原因。此外，各国数据市场制度主要围绕"数据安全保护、促进信息利用、规范市场发展"三个方面，不同权利部门间的利益博弈还会引发制度内部冲突。

2. 数据资产入表规则不完善

财政部印发的《企业数据资源相关会计处理暂行规定》（以下简称《暂行规定》）对数据资产的确认、计量和报告等进行了规定，但在数据资产的成本拆分、经济利益流入可能性判定、使用寿命估算方面仍缺少明确的规则指引。

（1）数据资产的成本拆分规则不明确

对于如何合理拆分数据资产的成本，当前缺少相关细则的指引，企业难以准确核算数据资产的成本。首先，企业内部的数据来源复杂，包括来自不同部门、不同系统和不同业务流程的数据，由于不同数据来源之间的成本关系复杂，成本难以准确拆分。其次，数据在企业内部经历多个处理环节，包括采集、清洗、存储、分析等，每个环节都涉及不同的技术和资源投入，都可能对最终数据产生影响，使成本的拆分愈发复杂。

（2）经济利益流入可能性的判定规则不明确

数据资源带来的经济利益很可能流入企业是数据资产认定的条件之一，然而目前仍缺乏具体的判定标准，企业难以判定哪些数据资源可以确认为数据资产。首先，数据资产的经济利益可能通过多种途径流入企业，例如客户数据可用于促活拉新，也可用于产品和服务的研发应用，很难准确判定哪种路径最可能实现经济利益流入。其次，数据资产的经济利益受到市场环境的影响，包括市场竞争、供需变化、技术创新等因素，使判定经济利益流入的难度增加。最后，数据资产的价值取决于数据的质量、稀缺性、可用性等因素，而这些因素往往难以量化和确定，使经济利益流入的判定愈发困难。

（3）数据资产的使用寿命估算规则不明确

当前由于缺少相关细则的指引，企业难以对数据资产的使用寿命进行准确估算。首先，由于技术的不断发展和进步，数据的处理和分析方法也在不断革新，新的技术可能会使旧有的数据资产在短时间内失去价值，因此难以准确预测数据资产的使用寿命。其次，数据资产的价值也会随着市场需求、业务模式或行业变化进行变动，可能在某些时间段发生大的价值波动。再次，受到冗余、不完整、错误记录等因素的影响，数据资产的质量可能会随着时间的推移而下降，从而缩短数据资产的使用寿命。最后，法律法规可能会强制要求将数据删除或销毁，这将直接影响数据资产的使用寿命。

3. 数据安全存在风险

（1）金融数据安全风险

金融数据安全风险主要体现在数据泄露风险、数据被篡改风险以及数据被破坏风险上，三类风险的爆发将导致数据的机密性、完整性和可用性被破坏。具体而言，数据泄露风险是指数据在存储、使用、传输等过程中被非授权的用户访问。通常情况下，攻击方可通过破解加密文件、盗取口令文件、使用嗅探工具嗅探网络流量、肩窥、实施社会工程等方式威胁机密性。数据被篡改风险是指数据被非授权地篡改或授权用户不恰当地修改的风险，从而导致数据的完整性被破坏。这种完整性既包括系统内部数据的一致性，也包括系统数据与客观的现实世界数据的一致性，即内部数据与外部数据的一致性。常见的数据完整性被破坏的场景包括主机感染病毒或木马、网络劫持篡改、操作系统内核文件被替换、应用层越权操作等。在金融领域尤其应当严格保护数据完整性，这是维护金融系统稳定的重点，因此应当满足 ACID 特性，即原子性（Atomicity）、一致性（Consistency）、隔离性（Isolation）和持久性（Durability）。数据被破坏风险指的是授权用户无法及时、可靠地访问数据，数据呈现"不可用"的状态，例如缓冲区溢出、DDoS 攻击等导致授权用户正常使用服务时遭到异常拒绝。

（2）金融数据出境问题

拟出境金融数据类型确定存在困难，可能影响金融机构对出境义务的识别。一些外资银行所在地存在反洗钱监管规则或数据合规管理要求，这些规则和要求往往会使外资银行向境外总部传输用户的个人金融数据或金融行业的业务数据。然而，一方面这部分数据会涉及用户的个人敏感信息，另一方面金融行业的业务数据以及个人金融数据衍生出来的统计数据，可能属于"重要数据"的范畴。根据信安标委秘书处最新公布的《信息安全技术 重要数据识别指南（征求意见稿）》，重要数据是指以电子方式存在的，一旦遭到篡改、破坏、泄露或者非法获取、非法利用，可能危害国家安全、公共利益的数据。对于银行等金融机构而言，海量的业务数据可能会被行业监管部门认定为重要数据。此外，基于大量个人金融信息形成的统计数据、衍生数据也有可能属于重要数据。

金融数据出境的前置程序可能会影响金融机构开展跨境业务的效率，增加合规成本。对于进行金融数据出境安全评估申报的场景而言，金融数据出境安全评估所需完成的准备工作烦琐，需要清楚说明金融数据出境的目的、场景、数据类型、规模等情况。金融数据出境安全评估申报工作不仅涉及金融机构内部法务、业务、IT等多个部门的协同工作，还可能涉及聘请外部顾问单位协助完成金融数据出境安全评估申报工作。金融机构需要耗费大量的人力、物力准备金融数据出境安全评估申报材料，并对金融数据出境活动进行安全保障及有效监控。这会导致金融机构或者相关企业在开展跨境业务时面临较高的合规成本和时间成本。

金融数据出境安全评估流程及标准不够透明，给金融机构数据出境带来不确定性。金融机构若要开展金融数据出境活动，应根据金融数据出境的规模、数据类型等的差异，开展金融数据出境安全评估申报、网信办个人信息出境标准合同备案或者个人信息出境认证。对金融机构而言，因个人信息量大，可能涉及重要数据，极易触发需要通过金融数据出境安全评估机制进行事前审批的要求，且无例外情形可以取得豁免。金融数据出境安全评估审批时效长，有效期短，重新评估要求高。《数据出境安全评估办法》规定，数据出境安全评估周期至少为57个工作日，且评估结果有效期仅2年。评估结果到期失效，数据出境场景，数据字段、目的等发生变化，都需要重新申报并经过评估。

（二）金融行业数据要素市场化的应对策略

1. 尊重数据产权，健全数据要素"三权分置"产权运行规范保障体系

目前，中国数据产权制度的探索仍处于初级阶段，虽然北京、上海、天津、重庆、贵州、浙江、广东、河南等地纷纷建立数据交易平台，《广州市加快打造数字经济创新引领型城市的若干措施》也提出数据确权先行先试的建议，但数据权属问题仍有碍于金融行业数据要素市场化。无论是从制度实践还是文献综述来看，目前国内外对数据权属的探索都尚未形成清晰的体系。简言之，制度探索先于学术探索。"数据二十条"的提出，为数据权属的研究提供了一个新的方向与思路，即绕开数据所有权的"迷思"，以促进数据流通、充分发挥数据要素价值为核心展开。

健全数据分类分级规范体系的核心在于寻求合乎市场经济的简洁有效的规范指引，降低相应成本。其一，关于公共数据，以开放为原则，不开放为例外。对于不涉及个人敏感信息、企业商业秘密等的非涉密数据，应无条件开

放，最大限度地为促进数据流通提供保障；对于涉及个人敏感信息、企业商业秘密、保密商务信息等法律法规规定不得开放的公共数据，不予开放。其二，对于企业数据和个人数据，在遵守现行法律法规的前提下，鼓励数据主体根据其享有的"数据资源持有权"、"数据加工使用权"和"数据产品经营权"等通过"合同""数据交易机构""数据经纪商"等多元途径自由流转数据。个人敏感或隐私信息，禁止交易，经过匿名化处理后的个人信息，可以交易。其三，政府在保障数据安全的基础上，应积极创设数据要素在市场中自由交易的条件，给予充分的实验、试错空间，并在政策、制度和法律上予以保障。

2. 探索数据资产规则，充分发挥数据资产价值

在数据资产的成本拆分、使用寿命估算与摊销、资本化路径、经济利益流入可能性判定等方面探索和完善相应的规则指引。结合《中华人民共和国会计法》和企业会计准则等相关规定，提出以下完善建议。

（1）探索并完善数据资产的成本拆分规则

《暂行规定》要求企业按照外购无形资产、自行开发无形资产等类别，对确认为无形资产的数据资产、相关会计信息进行披露，并在此基础上根据实际情况对无形资产类别进行拆分。对确认为无形资产的数据资产的成本拆分，应根据企业数据资产的不同取得方法进行分类考察。对诸如外购、自行开发或其他方式取得的数据资产进一步类型化考察，将取得数据资产的成本进行拆分和类型化分析，并明确拆分的标准。因此，完善数据资产的成本拆分规则，重在根据市场需求、结合企业会计准则进行科学的类型化探索。

（2）探索并健全数据资产经济利益流入可能性判定规则

相关经济利益很可能流入企业是依据企业会计准则确认数据资源为数据资产的重要条件之一，但是对数据资源是否能给企业带来经济利益缺乏明确的判定规则。2018年版《财务报告概念框架》将资产重新定义为：由过去事项形成的，由主体控制的现时经济资源，其中经济资源是指能带来潜在经济利益的权利。该定义取代了2010年版《财务报告概念框架》的定义，即因过去事项形成的，由主体控制且逾期会导致未来经济利益流入主体的资源。何谓经济利益流入的可能性，可以从新的资产定义中加以判断，大致可以从以下三个维度考量。其一，是否具有权利？产生经济利益的权利形式多样，如收取现金的权利、收取商品或服务的权利、与其他主体交换经济资源的权利、对实体物品

（如不动产、设备或存货等）的权利、使用知识产权的权利等。其二，是否具有产生经济利益的潜力？权利已经存在且至少存在一种的情况下，该权利可能产生可获取的经济利益，即使产生经济利益的可能性较低。其三，是否可以有效控制？控制是经济资源与主体之间的连接。如果主体拥有现实能力，可以主导一项经济资源的使用且可能获得该经济资源带来的经济利益，那么主体就控制了该经济资源。

（3）探索并健全数据资产使用寿命估算与摊销规则

探究如何合理估算数据资产的使用寿命，实质在于企业如何摊销数据资产。制定科学合理的折旧周期来确定此类资产的使用寿命是一项艰巨的任务。结合中国会计规则，可以从以下方面进行类型化探索。第一，直线法摊销的类型。适用于依据合同约定或其他正当规定可以确定数据资产使用寿命的情形。第二，不摊销处理的类型。针对无法预见为企业带来经济利益的期限的，应当视为使用寿命不确定的数据资产，不应摊销。第三，其他情形。随着技术的不断发展和进步，数据资产的使用寿命更加难以测量，因此，比较合理的方法是根据市场交易真实情况建立具有统一标准的科学的模型，从而估算数据资产的使用寿命，进而选择合适的分摊方式。

（4）探索并明确数据资产资本化的路径

数据资产具有可复制性、价值增值性等属性，这与之前遇到的资产类型有本质的区别。历史证明，市场就像一只"看不见的手"，市场经济内在机制可以有效应对新生事物。因此，探索数据资产资本化的条件需要充分尊重市场资源配置方式，尊重数据资产资本化市场的自发秩序。一是充分开展通过自发或自觉交易形成的数据资产资本化的探索，根据市场化的交易价格解决数据资产资本化过程中的价值评估等问题。二是充分开展通过特定事项（如互联网平台公司和金融公司的信息化、数字化升级事项）形成的数据资产资本化的探索。通过市场力量探索数据资产资本化的路径，可以有效避免"垃圾数据""数据价值"等主观臆断，在市场认可前提下，依法取得的任何数据均可纳入数据资产资本化的轨道。

3.构建数据安全可信流通体系，完善数据出境制度流程

建立合法的分类分级制度并采取合理必要的控制措施保障数据安全，不仅是金融机构及金融行业相关参与方必须履行的安全及合规义务，也是金融市场

主体在注重安全保障的同时实现经济效益的方法之一。对重要性不同的数据采用同一等级的保护措施，实施无差别的保护，可能导致对敏感数据保护力度不足、对普通数据保护力度过大。而建立合规合理的数据分类分级制度，区别对待不同业务和数据，采用不同控制措施，综合业务发展与成本考量，才能实现金融行业数据要素市场化与数据安全的双赢。

数据安全无小事，尤其是金融行业的数据不仅涉及个人敏感信息，还涉及企业的重要数据，如果保护不力，甚至会危害国家的经济安全。因此，数据的分类分级制度，不仅要体现在技术和制度层面，还应体现在管理体系层面。因为再好的技术安全防范措施和合规体系最终都需要人去落实，这就需要每一个人都有数据安全意识。如何做到呢？需要科学的管理体系。首先，建立专门的数据合规部门或者建立数据首席合规官制度。为了保障数据安全，确保数据分类分级制度的落实，《中华人民共和国数据安全法》规定重要数据的处理者应当明确数据安全负责人和管理机构；《中华人民共和国网络安全法》要求专门设置安全管理机构和安全管理负责人；《中华人民共和国个人信息保护法》要求指定个人信息保护负责人，对于境外个人信息处理者还要设立专门机构或者指定代表。

参考文献

包晓丽、杜万里：《数据可信交易体系的制度构建——基于场内交易视角》，《电子政务》2023年第6期。

黄丽华、杜万里、吴蔽余：《基于数据要素流通价值链的数据产权结构性分置》，《大数据》2023年第2期。

《中国金融科技运行报告（2020）》，《金融评论》2020年第4期。

B.12
数据要素可信流通和价值释放研究报告

摘　要： 在当前全球数字化转型加速的时代背景下，数据要素的重要性及其在经济社会中的核心作用不断凸显。政府需要通过完善的政策措施，推动数据开放共享，释放数据要素价值，以适应全球数字经济的快速发展。本报告重点关注了数据要素在供给、流通和应用三个层面中存在的问题和挑战。欧盟国际数据空间（IDS）提供了一个安全、可信的数据共享环境，为各国的数据流通和利用提供了借鉴。结合当前全球数字化发展的趋势，本报告提出一系列策略和建议，包括推动高质量数据源的开放共享、构建统一的数据标准和数据要素可信流通基础设施、促进跨境数据流通与国际合作以及加强数据治理和技术创新，以全面提升数据要素的价值和作用。这些举措旨在为中国及全球的数据要素市场提供科学的指导和务实的解决方案，助力全球数字经济的繁荣与发展。

关键词： 数据要素　数据治理　数据空间　全球数字化转型

一　发挥数据要素价值的重要意义

2020年4月9日发布的《中共中央 国务院关于构建更加完善的要素市场化配置体制机制的意见》明确提出加快培育数据要素市场，包括三项具体措施：首先，推进政府数据开放共享，优化经济治理基础数据库；其次，提升社会数据资源价值，培育数字经济新产业、新业态和新模式；最后，加强数据资源整合和安全保护。同年5月18日发布的《中共中央 国务院关于新时代加快

---

* 乔维，计算机博士，高级工程师，华为战略研究院高级专家，主要研究方向为数据要素、数字经济、数字治理。

完善社会主义市场经济体制的意见》也进一步指出，要构建更加完善的要素市场化配置体制机制，进一步激发全社会创造力和市场活力。具体举措就是要建立健全统一开放的要素市场，加快培育发展数据要素市场，建立数据资源清单管理机制，完善数据权属界定、开放共享、交易流通等标准和措施，发挥社会数据资源价值。推进数字政府建设，加强数据有序共享，依法保护个人信息。如何促进数据要素有效参与价值创造和分配，是新时代交给我们的重要课题。

政府数据开放促进了社会治理数字化转型。《中国地方政府数据开放报告》显示，截至 2020 年 10 月，全国建成 142 个省级、副省级和地级政府数据开放平台，其中省级 20 个、副省级 11 个、地级 111 个，另有省级在建 11 个、副省级在建 4 个、地级在建 207 个。建成和在建的政府数据开放平台将极大地促进整个社会层面的数据价值释放，并对数据要素流通基础设施提出更高要求。

2021 年 9 月发布的《2021 年数字经济报告（跨境数据流动与发展：数据为谁流动）》显示，随着跨境数据流动量的增加，参与数字经济的各大经济主体和地缘政治主体都试图将数据治理纳入有利于自身的国际贸易规则（见图 1）。因此有充分的理由对数据和跨境数据流动构建具有全球视野的治理框架，以便在不断扩大的数据生态系统中始终处于领先地位。同时，应对数据治理全球化带来的各种挑战，同样需要一个具有全球视野的新型架构。

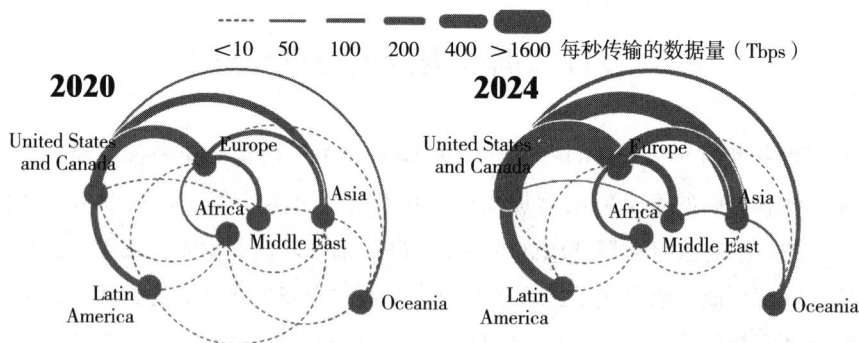

图 1　2020 年、2024 年全球跨境数据流动

二　释放数据要素价值需要关注的问题及挑战

在数智时代，随着网络、计算、人工智能等技术的快速发展，数据已成为第五大生产要素，是企业的核心资产。数据要素通过算力、算法释放价值，是发展新质生产力的关键。[①] 从数据的全生命周期看，释放数据要素价值需要打通供给、流通、应用三大环节，形成良性循环。这涉及技术、制度、标准、生态等，需要社会各界群策群力、共同推进。

本报告从数据供给、流通和应用三个层面分析释放数据要素价值需要关注的问题及挑战。

首先，在数据供给层面，一方面，国内大量高价值数据源因版权、安全、责任等限制因素尚未开放，开放的意愿和动力不足；另一方面，AI 高质量数据集，尤其是面向行业的开源数据集极少，如医疗行业仅有两个开源数据集。

其次，在数据流通层面，一方面，数据的流通需要网络、算力基础设施的有效支撑，随着数据规模和大模型参数的激增，海量数据的跨域传输、AI 算力的均衡高效供给，均面临新的挑战；另一方面，各主体间数据"不敢传、不愿传"的问题仍然存在，实现数据的"可信、可控、可证"流通，通过对技术和标准的确定，增强数据主体间的互信，面临挑战。

最后，在数据应用层面，人工智能大模型在行业应用的深度和广度不够。一方面，AI 技术的应用难度和成本较高；另一方面，面向行业应用的需求场景挖掘不够，行业高质量数据匮乏，无法有效构建行业人工智能大模型。

三　基于数据空间构建数据要素流通基础设施

（一）欧盟国际数据空间（IDS）及其借鉴意义

作为欧洲最大的应用科学研究机构，拥有 2 万多名研究人员、20 亿欧元研

---

① 景杰、刘玲雁：《数据资本：新质生产力的生成要素》，《南京邮电大学学报》（社会科学版）2024 年第 4 期。

究经费的德国 Fraunhofer 协会下的智能分析和信息系统（IAIS）研究所，在德国工业 4.0 项目中，领导了德国工业数字化创新的国际数据空间（IDS）子项目，该子项目专注于跨行业数据代理交换和数据应用（见图 2），其目的是将分散的工业数据转化为一个可信的数据网络空间。该子项目得到了众多企业支持，其中不乏世界 500 强企业，如欧洲著名的保险公司 Allianz、最大的 IT 服务公司 AtosOrigin、世界知名的拜耳制药公司、世界顶级会计师事务所普华永道、德国技术检验协会 TUV、大众汽车、重型工业公司克虏伯、蒂森等。中国有华为、海尔、信通院三家在 IDS 会员单位里。

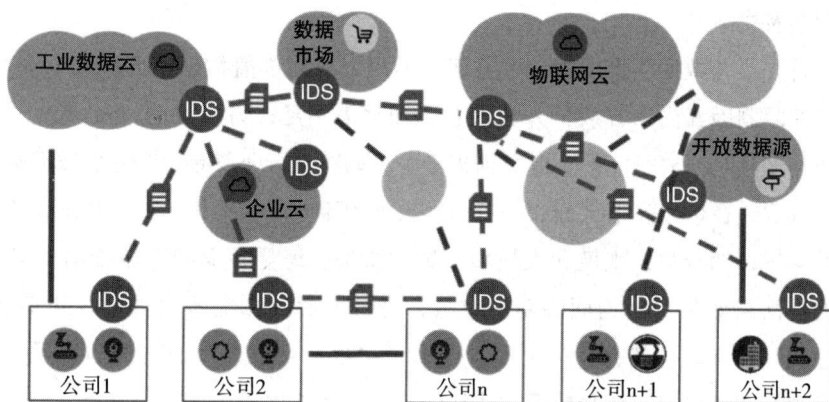

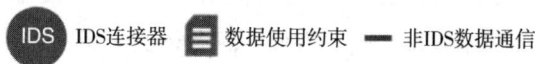

图 2　IDS 的功能架构

目前，工业数据被封存在各工厂、平台内部，由于安全可信问题未解决、数据主权不明确和共享利益难实现等，工业数据呈现分散化、碎片化的特点，制约工业数字化转型。在公共领域，欧盟通过数字化单一市场，提出开放政府数据，并且建立欧洲开放数据门户、实施公共数据开放项目，旨在促进政府公开数据和科研数据的价值挖掘。在工业领域，德国率先提出工业数据空间，将分散的工业数据转化为一个可信的数据网络空间。目前已有超过 300 家公司参与，通过数据确权和互操作的规定，汇聚整合来自"智能生产"工厂、"智能物流"公司、政府部门及第三方的数据,实现工业数据可信、可用。自 2016 年开始,IDS 标准文本已经迭代 4 次,目前处在商业化前夕。

从 IDS 在工业 4.0 中的定位来看,IDS 是介于工业 4.0 产品与服务创新(创新的范围包括汽车、各类高科技、服务、物流、工业制造、卫生医疗等行业)以及底层的宽带网络基础设施和各类终端设备、传感器、实时生产线之间的连接(见图 3)。它所起到的作用就是通过数据连接上游的"智能生产"工厂和"智能物流"公司以及下游需要"智能服务"的个人客户与企业客户。在这个过程中,IDS 要汇聚整合来自"智能生产"工厂和"智能物流"公司的直接数据、来自政府部门的公共数据(如气象、交通、城市规划等方面的数据)及来自被称为"价值链"的第三方数据(如来自电信运营商的数据,来自互联网电商、社交等的数据)。之所以被称为"价值链",可能是因为相关第三方可以直接通过提供数据创造价值,或在向最终用户提供创新应用时获取一部分价值。

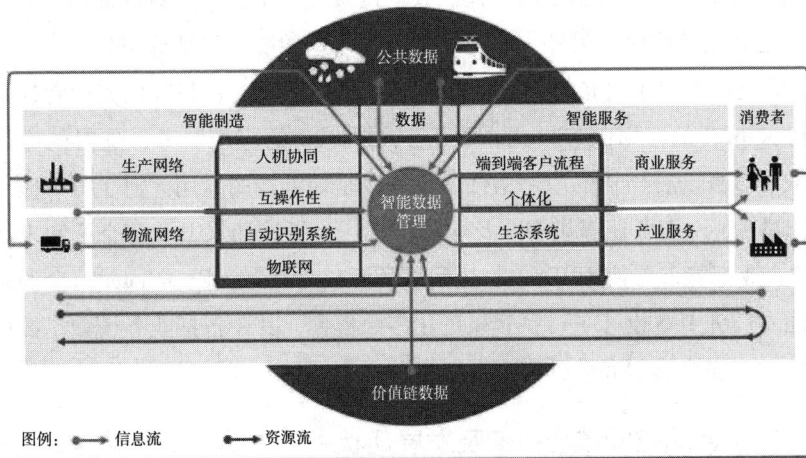

图 3 IDS 在工业 4.0 中的定位

为了让各方的数据在 IDS 中创造出价值,Fraunhofer 协会下的 IAIS 研究所要解决的首要问题不是交易而是建设一套诚信体系,让数据可以在被认证的合作伙伴之间共享。Fraunhofer 协会的研究人员首先把重点放在数据所有权上。他们认为数据所有权问题不解决就没有数据合作的基础。但是数据所有权问题是一个深刻的法律问题，即使在欧洲也没有真正解决。出于务实考虑，德国的专家提出数据合法的掌握者决定数据的使用条款与条件。也就是说，在 IDS 这个数据共享空间，产出数据的一方决定它的数据应该被怎样使用。

IDS 是由所有参加这个项目的 300 多家企业的数据中心构成的，它们只是通过 IDS 提供的标准接口（IDS Connector）进行连接。IDS 不是一个平台，它更像一张有着信令控制的电信网络，其中的数据源就是一台台交换机，数据通过它们来流通，它们自己也可以组成子网，形成一张多级的网中网。

在这张网中网的空间里，当用户需要数据提供增值服务的时候，数据可以在被认证的合作伙伴之间共享。此外，IDS 也有助于企业发展自己的增值服务。尽管 IDS 是去中心化的，但是它还是具备一些轻量级的中央管理功能，如 IDS Broker 和 IDS 应用商店。

IDS Broker 中 Broker 的概念来自金融交易，它是帮别人买卖的代理人、中间人、经理人。在这里它的主要职责是负责数据源的注册，为数据提供方提供数据发布的手段，为数据使用方提供数据搜索查询工具，为数据提供方和数据使用方建立诚信协议。另外，它还提供数据使用的统计与结算服务。

IDS 应用商店主要是为 IDS 生态系统中的应用开发者和应用使用者提供服务。除去 B2C 的应用服务模式，IDS 还提供 B2B 的应用服务，这时的应用可以是数据服务、容器化的应用组件，也可以是端到端的应用。对于 IDS 应用商店推出的应用，IDS 还提供安全及质量认证。为了让加入 IDS 的企业和未加入 IDS 的企业都能部署使用 IDS，促进数据的开放与共享，Fraunhofer 协会的研究人员还专门为 IDS 设计了一整套规范化参照模型，其中包括业务模型、数据与服务模型、安全模型和软件模型。

（二）数据空间核心价值及发展现状

1. IDS 的价值

IDS 是 Fraunhofer 协会于 2015 年发起的项目，牵头人是 Boris Otto，并于 2016 年起由国际数据空间协会（IDSA）接管，以产业联盟的方式进行发展。IDSA 是一个开放的非营利组织，目前由来自 20 多个国家的 140 多个成员组成。国际数据空间是一个分布式数据存储端点，通过数据连接器实现数据的安全交换，并保证数据提供者对其数据的主权。其参考架构在欧洲、日本、中国等都有规模应用。

数据空间解决了数据流通核心问题：①匹配政府监管的战略意图和体系设计，实现数据流通可信、可控、可证；②是目前数据流通中最完善的体系架构，可以融合不同单点技术，支持公共数据授权运营，数据交易所、行业数据平台和企业内外数据流动等众多场景；③为数据跨境流通提供了体系化的架构，国际标准化组织（ISO）正在以数据空间技术为基础，开发全球数据互联互通标准协议（中国的国家标准化管理委员会作为正式成员参加）。数据空间是欧盟数据战略落地的关键措施（见图4）。

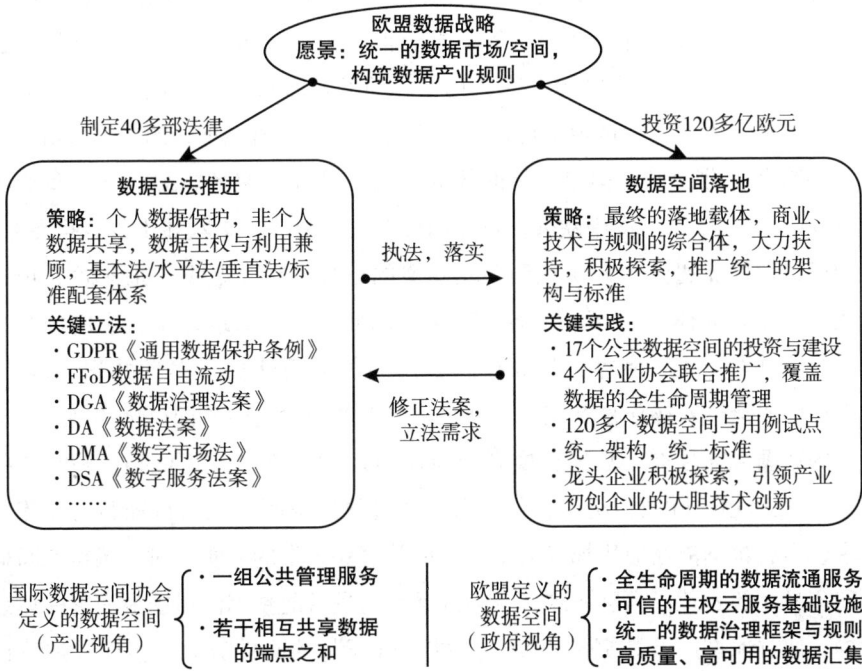

图 4　数据空间助力欧盟数据战略落地

欧盟数据空间之父/产业领袖 Boris Otto 依托欧盟项目 DSSC 推进欧盟数据空间整体落地：DSSC 是数据空间支持中心，指导各产业快速构建数据空间方案，共同创造可互操作的数据共享环境，使数据在部门内和部门间重复使用和二次使用，充分尊重欧盟的价值观，并为欧洲经济和社会做出贡献。

构建数据空间互联互通的生态系统，需要考虑以下四个层面。

行业内同类数据空间的互操作：①技术层面，遵循 Gaia-X 计划和 IDSA 制定的框架和接口规范，推动国际和欧洲数据交换协议标准 SCC38 落地；②语义层面，遵循统一的数据标准。

跨行业数据空间的互操作：①组织层面，遵循不同组织的架构关系和业务流程；②法律层面，遵循各个国家不同的数据法案和数据跨境的要求。

2. 数据空间国内发展现状

国内华为、信通院、海尔等加入了 IDS，并基于数据空间理念，从技术方案、标准、联盟、生态建设等各个层面推动数据空间在国内的发展。其中，2016 年华为作为第一个加入 IDS 的中国企业，成为第 50 个正式会员（国际会员）。2017 年，华为采用 IDS 参考架构，启动了内部 IT 数据空间项目，主要应用场景是与上下游产业链数据可信交换，支持第三方财经审计的数据可信交换等。2022 年，华为开始构建对外的数据空间产品和云服务。2023 年，华为联合 IDSA，举办了第一次中欧数据空间圆桌会议，邀请了中欧几十位数据专家，共同探讨数据流通的产业实践和互联互通的标准，在"数据流通理论、项目实践、产业服务体系、互联互通工程化、标准研究、治理体系、应用场景需求、行业试点、发展痛点、开源社区合作"等方面达成了多项共识。包括：数据空间的全球互操作性和统一标准很重要，产业界需要共同讨论和制定全球统一的数据流通标准；数据交换必须遵循当地的法规和政策框架，呼吁依托 IDSA 建立多边国际数据空间合作平台，通过数据空间实践项目经验的交流与分享，推进数据流通应用场景的丰富与相关解决方案的完善；对于数据空间概念和定义，各方达成高度一致，认为数据空间是目前数据流通中最完善的体系架构，通过促进产业数据"可信、可控、可证"的高效流通，实现数据价值最大化，同时数据空间也是数据流通的最优技术架构方案。

3. 国内采用 IDS 理念，构建中国标准体系

信通院和华为作为早期加入 IDS 的中国智库和企业，2021 年起签署了战略合作协议，经过和国内相关政府部门的沟通交流，在得到认可后，采用 IDS 理念，在国内构建可信数据流通技术标准，制订了"工业数据空间·生态链"伙伴计划，吸纳国内相关企业、高校、智库联合构建工业数据空间的国内生态。信通院牵头，华为作为副组长单位，共同推动了可信数据空间（TDM）

在电子电气工程师学会（IEEE）的立项以及全国自动化系统与集成标准化技术委员会（TC159）的国标立项。

此外，IDSA 在中国建立了一个 IDSA 能力中心（下一代互联网国家工程中心），一个中国研究实验室（上海交通大学）。IDSA 在世界各地推动建立 IDS-Hub，目前美国、日本、欧盟 8 个成员国都建立了 IDS-Hub。IDSA 旨在推动其在 ISO 立项的国际标准成为国际广泛采用的事实标准。IDSA 联合上海交通大学在上海建立了 IDS 中国研究实验室，以促进中欧数据空间的技术合作。

四 促进数据要素价值释放的创新方向

首先，通过技术创新和制度创新，推动数据的高质量供给。从技术创新角度，通过将 AI 模型嵌入标注、管理等环节，提升数据质量及标注效率。通过数据合成技术，根据客户场景需求定制数据。从制度创新角度，优先推动不敏感、高价值公共数据和行业数据的逐步开放，通过"白名单"及激励机制，促进受保护数据的有序开放，如科研、气象等数据。

其次，通过系统创新，打造持续领先的基础设施。针对海量数据的接入与传输需求，持续提升网络传输能力。需要升级接入网和主干网，打造高速数据传输网。接入网需要进一步向万兆升级，提升上行带宽。主干网需要推进全光高品质运力网络的建设，加速从 100G 向 400G 演进。针对 AI 算力需求激增的挑战，通过构建大集群算力，促使算力基础设施建设实现从计算节点走向算网融合，从暴力计算走向智能计算、从集中计算走向"云、边、端"协同的多样性异构计算。目前，国内多个城市建设了 AI 计算中心，以提供普惠算力。华为基于"DC as a Computer"的理念，打造了昇腾 AI 集群，可以将模型训练效率提升 10% 以上，系统稳定性提高 10 倍以上。针对数据的安全、可信流通需求，需要融合技术架构创新，通过不同数据控制策略的灵活组合，适配多样化的场景需求。信通院、华为、数鑫科技等正在探索制定数据空间技术方案，以实现数据流通的"可信、可证、可控"。以企业数据为例，数据空间能解决产业链上下游伙伴之间重要资料"不敢给、拿不到"的问题，极大地促进研发、供应、售后运维各环节数据的交换，使协同效率提升 50%。

最后，联合创新，降低技术使用门槛，加速人工智能的行业应用走深向实。一方面，尽可能降低技术使用门槛和成本。通过开放和开源，加速应用创新，使合作伙伴和开发者可以更灵活地调用底层资源，构筑差异化竞争力。通过沉淀行业大模型的开发实践，提供极简易用的标准和接口，大幅降低行业大模型的开发门槛、提升训练效率。另一方面，考虑推动行业场景、行业知识与 AI 技术的深度融合。挖掘更多人工智能应用场景，进一步积累、沉淀行业知识，为构筑行业大模型提供支撑。除此之外，数据要素的价值释放是一个系统工程，涉及技术、标准、制度、人才等，需要政产学研各界群策群力，共同营造健康的数据生态，充分释放数据潜力，助力发展新质生产力。

五 促进数据要素价值释放的关键是构建数据要素可信流通基础设施

促进数据要素可信流通基础设施的标准统一、架构建设和应用部署，以达到加速数据要素有序、合规、安全流通的效果。

首先，制定数据治理和数据共享的国家级规则和标准。建立在统一的数据治理和数据共享规则和标准基础之上的信任机制是数据交换的基础。通过全面的身份管理，确定参与者的身份，并根据对所有参与者进行的组织评估及产生的认证结果，来确保他们彼此之间相互信任。除了基于现有安全措施的架构规范之外，也通过对各个参与者进行评估和认证来确保数据主权。根据确保数据主权的核心要求，数据所有者在将其数据传输给数据消费者之前，会给其数据附上使用限制信息。只有完全接受数据所有者的使用限制信息，数据消费者才能使用这些数据。

在传递给可信任的另一方之前，数据仍然由各自的数据所有者持有。该方式要求将数据源和数据作为资产进行全面描述，并为数据加载特定领域的词汇表，实现全面实时的数据搜索。构建数据要素可信流通基础设施的目标：①就数字和数据相关权利及原则达成共识；②就数据交换方面的重要概念的定义达成共识；③规定实体间相互访问数据的允许条件；④加强对数据价值和跨实体数据流量的测度；⑤将开放数据视为一种公共产品；⑥探讨新兴的数据治理方式；⑦制定数据交换方面的国家级规则和标准。

其次，制定符合国家需求的数据要素可信流通基础设施标准。为了构建安全可控的数据生态，需要在准备阶段预置相应的功能模块。完善的数据要素可信流通基础设施应当实现：在事前处理申请授权，在事中做到数据流通与结算实时可视，在事后保证完成共享使命的数据能够得到及时的、合规的、安全的销毁。整个过程需要生态中的各个组件（连接器、数据市场、数据交易所、身份提供商、应用商店等）的通力协作。

其一，连接器作为数据要素可信流通基础设施中最基础的技术组件，允许参与者共享和处理数据内容，同时实现数据提供者对该内容的主权可控。这些连接器可视为一个个数据端点，主要负责数据提供者和数据使用者之间的数据交换。同时，连接器还为相关参与者的内部系统与数据要素可信流通基础设施提供交互接口。根据配置，连接器通过防篡改运行机制来承载各种系统服务，以实现保障安全的双向通信、对交换的数据内容强制执行使用策略、系统监控和记录数据内容交易结算等需求。连接器的功能还可通过用于数据处理、可视化或持久性的定制软件进行扩展。在技术上，连接器分为三种不同类型：①核心容器，为其他组件（数据市场、数据交易所、身份提供商、应用商店）间的通信提供服务；②应用容器，用于存放来自应用商店的应用；③自定义容器，用于存放连接器与本地基础设施之间进行连接的业务模块。

其二，数据市场，又称代理服务提供商。提供供需双方的元数据目录，而不是数据内容本身。同时，通过提供发布、展现、搜索和撮合交易等服务来创建特定领域的数据市场，为这些服务打造全新的数据商业模式。此外，使用限制和法律协议也作为模板在数据市场中提供，并提供相关方法以供参考。

其三，数据交易所是一个为各种数据交换提供结算服务的中介机构。结算服务与代理服务分离，因为这类服务在技术上不同于维护元数据存储库，但是仍有可能由同一组织承担数据交易所和代理服务提供商这两个角色，因为这两个角色都要求充当数据提供者和数据使用者之间的受信任的中介机构。数据交易所记录在数据交换过程中进行的所有活动。在全部数据交换或部分数据交换完成后，数据提供者和数据使用者通过数据交易所记录的交易详情来确认数据交易情况。基于该交易详情，可以对数据交易进行费用结算。该交易详情还可用于解决纠纷，例如，澄清数据包是否已由数据使用者完整接收。区块链等可信设施可用于增强信任机制。

其四，身份提供商提供服务来创建、维护、管理、监控和验证各参与者的身份信息，将真实世界的身份信息安全可信地映射到数字世界。这对于数据要素可信流通基础设施的安全运作和避免未经授权的数据访问来说必不可少。

其五，应用商店提供可在数据要素可信流通基础设施中部署的数据应用，以便进行数据处理，更好地释放数据要素价值。数据应用可由认证机构按照一定的认证程序进行认证。应用商店负责管理数据应用提供商提供的数据应用信息。应用商店提供发布、检索数据应用以及相关元数据的接口。

再次，推动数据共享和开放，构建科学合理的数据开放共享机制。①以政府部门为重点，大力推动数据开放共享机制建设和实施，推进国家就业、社保、地理、环境、生态、交通数据的开放共享，支撑人工智能与政务服务的融合，提升政务服务水平。②稳步推进教育、医疗、能源、公共安全等领域数据的整合、共享与开放，制定数据资源清单和开放计划，支持相关企事业单位联合人工智能企业围绕应用场景开展人工智能服务。③建立市场化的数据开放运营机制。通过公共数据的公开共享，引导企业、行业协会、科研机构、社会组织等主动采集并开放数据。构建安全有序的数据交易环境，推动地方政府建立数据交易平台，规范数据交易流程，把关数据交易中的数据质量。④促进数据的流通与协同，加速实现国家治理现代化。配合新型信息基础设施实现数据的流通与协同，规范不同行业之间数据流通与协同的对接标准，推进政府数据开放生态体系的构建，建立数据确权机制，健全数据安全和隐私保护法规，加速实现社会高效治理和高效运转。

最后，部署面向行业领域的数据空间。在智能制造领域部署对数据主权具有可控性的数据空间，将极大地推进智能制造领域的互联互通和生产协同。同时，掌握相关核心技术，在中国相关企业进入包括欧洲在内的国际市场时，保护企业的数据主权安全。①开发可支持多种云混合部署的保障数据提供者数据主权的体系架构；②研究在行业内企业之间对数据主权管理控制的不同应用模式；③开发工业制造、医疗、金融等领域面向常见应用场景的部署适配方案；④开发能够适配多种云环境的数据主权管理软件测试床，并在典型企业间组网验证。

B.13

2023~2024年数据驱动、AI赋能的
前沿科学数据银行研究报告

林镇阳　尹西明　马丹　冯嵤*

摘　要：　在数字经济和人工智能时代，数据要素成为重要的生产要素，其中对于科学研究领域，数据驱动的数据密集型科学正在成为推动科学研究进展和产业化的关键力量。本报告提出数据驱动、AI赋能场景牵引的前沿科学数据银行模式，旨在探索前沿科学数据的有效协同、资源整合、高效利用，打造以"数据-AI-场景"三维整合多元生态主体共生共创发展模式，并提出针对前沿科学数据不同敏感程度的数据保险箱、中央厨房和数据工场三类业务模式，以发挥我国超大规模市场拥有的丰富应用场景和海量数据优势，促进科研成果的可信共享、加速数据流转并促进前沿科学数据要素的产业化和价值化，旨在为数据驱动前沿科学研究，加快前沿性颠覆性技术突破和培育未来产业提供理论基础与实践指导。

关键词：　数据驱动　前沿科学数据　前沿科学数据银行　数据要素价值化

引　言

科学正在进入一个崭新的阶段。在信息与网络技术迅速发展的推动下，科学家不仅通过对广泛数据进行实时、动态的监测与分析，解决难以解决或不可

---

* 林镇阳，清华大学计算机科学与技术系博士后，高级工程师，软通智慧数据要素首席科学家，南京信息工程大学大数据法制研究院特聘研究员，主要研究方向为数字经济与技术创新；尹西明，清华大学经济学学士，管理学博士，北京理工大学公共管理系主任、研究员、博士研究生导师，主要研究方向为创新管理、数字经济与政策；马丹，中国电子数据产业集团生态与运营部总监，主要研究方向为数字经济与金融科技；冯嵤，软通智慧科技有限公司总裁，杜克（Duke）大学福库（Fuqua）商学院工商管理硕士（MBA），北京大学理学学士，主要研究方向为企业创新与数字经济。

触及的科学问题，更是把数据作为科学研究的对象，基于数据思考、设计和实施科学研究。继实验科学、理论科学、计算科学之后，出现了第四种科学范式，即数据密集型科学。科学家通过仪器收集或仿真计算产生数据，用软件处理数据，再由计算机存储信息和知识，最终通过数据管理和统计方法分析数据和文档，实现由传统的假设驱动向基于科学数据进行探索的科学研究方法的转变。科学家在大量已知数据的基础之上，通过计算得出之前未知的理论（见图1）。

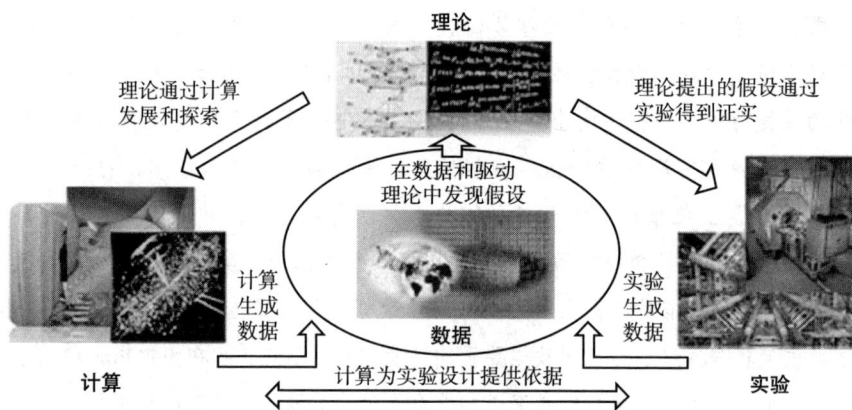

图1　数据密集型科学

在大数据时代，科学家对数据重要性的认识越深刻，越想进一步对领域进行深入探索，越是需要精细而准确的数据支持。不仅如此，他们对数据时间线的要求也越来越高。科学探索的高度一定程度上由数据存储的上限决定。随着某些领域的科研逐渐到达瓶颈期，在举步维艰的时刻，数据或将成为科学家打破僵局的一束光。同时，学识的积累与眼界的相对开阔，使科学家对新事物的接受程度越来越高，他们并非人们想象中的执着于自身领域的一孔之见，反而更愿意去拥抱新科技，推动不同领域融合，实现合作共赢。

数据密集型科学由采集、管理和分析三个基本活动组成。数据来源渠道丰富，除来自实验室，还来自个人生活，涉及的数据量巨大。科学的第四范式下的数据爆炸虽为科学突破带来了重大机遇，但同时，海量数据也使数据采集、管理、分析的过程愈发困难，科学家很难找到合适的工具对海量数据进行处理。尤其是如基因测序这种数据产出速度极快的领域,数据年增长量高达200%,这给数据的存储汇总带来很大的困难。而且,面对巨大的数据集,科学家难以从中提炼出想要的信息,分析方法和计算能力落后于数据产出的能力,计算基础设施、数据存储设备性能不足。

前沿科学数据权属清晰但分散分布、开放共享与开发利用间相互博弈、存储需求明确但长期价值未知。前沿科学数据行业从业者多为科研高知群体,因此对前沿科学数据潜在价值的认可度较普通人更高。他们精通科研细分领域,但前沿科学数据的开发和应用能力不一定强,因此需要探寻与前沿科学数据领域专家和企业的合作。科学家不仅要解决现在面临的前沿科学数据问题,更要考虑下一代前沿科学数据的归处。他们需要选择性能最优,且能在未来一段时间支撑其存储计算需求的设备,但这并非易事。因为即使设备容量可以不断增长,他们依旧会面临输入/输出操作达到应用极限的问题,备份速度变得极慢,前沿科学数据传输速度也将被制约。大数据时代,PB 级甚至 EB 级的前沿科学数据尤其需要在存储模式、共享传输、全球协同、高效处理以及产业价值化应用等方面有所突破。

综上,本报告基于对大数据时代前沿科学数据研究的现状分析和需求洞察,提出可行的前沿科学数据银行模式,以前沿科学数据银行为例的业务创新模式促进前沿科学数据的有效协同、资源整合、高效利用,推动前沿科学数据要素的资产化、价值化,提高前沿科学数据要素融合其他生产要素的资源配置效率。

一　数据驱动的前沿科学数据银行构想

(一)前沿科学数据银行概述

科学正在进入一个崭新的阶段。从以描述自然现象为主的实验科学,到利用模型进行归纳总结的理论科学,再到由实验和计算仿真来推进理论的计算科学,如今的学术界正在形成利用观察、计算、仿真、模拟、传播中产生的科学数据驱动学术科研的数据密集型科学。AI 大模型技术和超级算力的迅猛发展,一方面加速了科学数据的生产,丰富了科学数据的类别;另一方面为挖掘科学数据的深层价值、基于科学数据进行思考提供了可能。

前沿科学数据银行是针对可信数据要素资产化过程，打造以"数据-AI-场景"三维整合多元生态主体共生共创发展模式，其整体架构是基于数据的低成本汇聚、规范化确权、高效率治理、资产化融通和全场景应用的全生命周期开展前沿科学数据运营，主要是在对前沿科学数据及其相关海量数据的全量存储、全面汇聚、规范确权和高效治理的基础上，培育前沿科学数据要素价值和应用场的新业态、新模式，具体包含以下特性。

一是围绕前沿科学数据大规模和高通量的特点，考虑到未来前沿科学数据的来源将涵盖大型跨国实验、跨实验室实验、单一实验室实验或个人观察实验及个人生活等，前沿科学数据湖计划为各层级的科研主体提供可选择、可定制的海量、安全、绿色、长期存储灾备能力，防止花费大量成本获取的前沿科学数据要素持续流失，提前布局以应对未来前沿科学数据爆发式增长带来的隐患和机遇。

二是打破数据仅仅作为科学研究结果的固有思想，在提供存储服务的基础上搭建起集建模、描述、治理、访问、分析能力于一体的科研基础设施，构建基于数据驱动和辅助决策的研究创新新模式。

三是划分行业学科，促进同类数据汇聚融通，打造各自领域的产业高地和人才聚集地，以各个学科领域的海量长期数据为资源，以实验验证、仿真模拟、聚类预测等在线科学研究能力为生产力，联合高校、研究机构等打造各自学科的前沿科学数据开放平台。

四是打通前沿科学数据与产业应用的"最后一公里"，在对数据进行脱敏、处理、标注后，利用大数据分析和 AI 智能推送算法匹配应用开发商、科研爱好者到相应前沿科学数据开放平台进行应用开发和科学研究，释放前沿科学数据长尾价值。

本报告所提前沿科学数据银行的核心主旨是把握如今正在形成的科学新路径，因势利导地构建以"数据、算法、算力"为中心的科学基础框架，为前沿科学数据提供低成本、高效率、标准化的数据存储和数据治理服务，打造前沿科学数据的汇聚节点级架构，建设统一的前沿科学数据资源共享、开发、服务平台，实现前沿科学数据资源的汇聚融通、互联增值，助力前沿科学数据驱动前沿科学快速发展。

（二）前沿科学数据湖业务

"科学新路径"的概念伴随着"科学新驱动"的观点正逐步被学术界接受和熟知，科学的第一范式、第二范式和第三范式已经将我们引导至硕果累累的今天，毫无疑问第四范式将携手新兴信息技术推动科学研究走向革命性的新阶段。

低成本、高带宽的传感器集群为研究者提供了虚拟的分布式的覆盖全球的"宏观望远镜"；超级算力和数据存储的良性循环则为研究者"至微至宏、并驾齐驱"地理解自然规律、洞察宇宙规律提供"精细手术刀"；在此基础上，以人工智能和大数据分析为代表的智慧驱动、优化决策为研究者提供了"可行航向标"。从独立的高校和研究机构入手，发挥光磁电一体化等多种存储技术在长期海量数据安全存储中的优势，提供上述"科学新驱动"对应的基础能力建设和定制化解决方案，是前沿科学数据银行的第一步建设目标——打造安全可靠、绿色低碳的数字基础设施。

分布散落的前沿科学数据哪怕被长期存储治理并被拥有者持续转化为价值输出，其依然存在数据烟囱和数据孤岛带来的问题，各自为战的存储保护和科学研究模式违背了数据密集型科学的核心观点。未来科学研究将模糊研究者主体和研究要素来源的角色，跨国、跨实验室、跨个人的科学研究将成为常态，由科学爱好者和企业预研部门自主发起的实验项目也将逐渐占据一席之地。研究要素的来源也不会局限于实验仿真结果，而是包含互联网、物联网时时刻刻连接起的万亿字节数据，有的来自其他研究者，有的来自不同的学科成果，有的来自民众的日常生活。为此，在给高校和研究机构提供科学基础设施和解决方案后，选择适合的学科领域组建前沿科学数据开放平台，展示各个机构的实验能力、技术手段、已有成果和数据资源，在保障数据权属和隐私安全的基础上，结合数据快递箱业务为该领域的研究提供融通流转服务和合作匹配预测等服务。这是前沿科学数据银行的第二步建设目标——建设以共享开放平台为依托的前沿科学数据共享交换和开发利用中心。

由于前沿科学数据的产生往往伴随着大量前期人力、物力的投入和科研专利的沉淀，前沿科学数据的拥有者大多对各自的前沿科学数据共享持保守态度，不希望第一时间将时效性较高的前沿科学数据进行公开分享，以此保护前沿科学数据的长尾价值。同时他们对各自拥有的前沿科学数据在开发应用领域的价值持积极态度，由于他们并不了解具体可以应用的领域和业务模式，所以愿意开放时效性较弱的前沿科学数据的部分权限，将其交由数据治理者进行合作开发。因此，前沿科学数据银行的第三步建设目标——制定差异化数据价值服务策略，针对不同时效性前沿科学数据获取不同权限，逐步挖掘前沿科学数据的应用价值，在长期合作的前提下形成持续不断的可开发的前沿科学数据流，为基于前沿科学数据的应用开发创新提供载体。

托尼·海等在《第四范式：数据密集型科学发现》一书中指出，信息技术正在以两种方式影响科学界。首先它带来了各类存储和计算资源的商品化，这就使不同学科的不同研究者面对各类科学研究任务时，可以按照实际情况合理选择存储和计算功能。其次它为科学界带来了个性化和分享化的新趋势，当个人可以获得万亿次浮点运算能力和万亿字节级存储能力时，其就可以构建自己的科研系统和基础设施，创新及新学科服务将产生于网络边缘化而并非商品化驱动的数据中心。在这一过程中数据中心并非被抛弃，而是逐渐转化为数据治理和配置的中转站，个性化和共享化的新趋势会使数据生产速率呈指数级增长，也会对可直接利用（处理后）的数据的开放流转配置提出全新的要求，传统数据中心的模式已显得格格不入，存量、寿命、能耗、安全、治理、流转、算力将成为下一代数据中心的核心竞争力。

根据未来科学研究对数据存储、传输、计算的新要求，前沿科学数据银行通过三类业务模式来研究不同学科特性的数据在持不同态度的科学家手中可以发挥和运转的余地。

1. 高密闭型的全量安全可靠存储备份——数据保险箱

在走访调研中发现，一方面，前沿科学数据的产生依赖超大型和大型科研设施的出现和升级，而中国在国家重大科研设施采购制造上的发力期恰好集中在近八年内，这就造成短期内学术界在前沿科学领域的数据（尤其是非结构化数据）呈井喷式增长；另一方面，在中美贸易摩擦、全球一体化逆行的潜在趋势下，中国未来在前沿科学数据上的研究将坚决贯彻"自主独立"的原则，对大型科研设施建设和数据留存的需求将持续走高。在这样的客观条件下，研究者面临的首要问题就是对海量前沿科学数据的存储和备份。

不少研究者表示，过去大型科研设施相对较少时，设施的使用是预约制的，进行一次实验或者测试后，每个使用者只是从中选择结果最好的几张图、几个视频片段或者处理后可以直接用来分析的结构化数据进行存储，然后就匆忙离开，在这之后是下一个使用者的操作时间。这会带来科学研究的不可回溯性和不连续性：每一次大型实验的成本都是非常昂贵的，可目前学界对其产生的数据只是取冰山一角进行存储，甚至在论文发表后进行删除，绝大部分实验无法完成溯源验证，除非重做一遍；同时，没有长期的完整的数据存储作为保障，就较难形成系统、持续、庞大的科研体系，因为每一次新的实验最多借鉴前两次的实验结果（部分实验结果），很难把握最初的目标和过程中的变更因素，也很难从全局维度分析长期实验中映射出的问题点和关键点，这就造成最终的学术成果没有连续性，更像是一个个阶段性模块的拼凑，未能就一个方向进行富有逻辑的全面深挖，这在科学研究中是非常危险和可惜的。

高密闭型的全量安全可靠存储备份即数据保险箱，为个体研究者、实验室、课题组、研究所、院校等不同层级的科研主体提供定制化的存储备份服务。考虑到绝大多数科研主体目前仍然对数据的私有化保护持较为坚定的态度，并且对过往实验数据的使用更多集中在溯源验证、基础操作传帮带和关键节点数据抽取三方面，数据保险箱业务模式的核心能力将集中在可扩展的海量数据长期存储上，竞争优势体现在可兼容性、绿色低能耗、无迁移需求、存储寿命长和不可更改盗取上，配备以安全性和快速恢复为前提的数据备份服务，以销售定制化存储设备和数据备份获得收益。

2. 强服务型的数据驱动、AI赋能的价值挖掘——中央厨房

解决了由大型科研设施带来的海量前沿科学数据的长期安全存储问题后，面对投入资金、花费心血保留下来的系统化前沿科学数据，各层级科研主体势必会考虑挖掘它们的延展价值。如此海量的前沿科学数据的直接应用是不现实的，价值密度较低的全量存储对高性能数据密集型计算的配套要求将成为下一个风口和链路节点。

以生命科学为例，1982~2009年欧洲分子学实验室核酸序列数据库接收到的数据量以每年200%的速度增长，虽然欧洲生物信息研究所开创性提出基于测序峰图序列库、短片段序列库和试验规模测序峰图组装序列库的三位一体动态调控存储方案，解决了海量数据的长期存储问题，但每年数十PB的数据产量对数据的挖掘工具和分析能力提出严峻的挑战，从数据中加工出的高通量高质量结果数据集成为科研主体新的研究要素。

中央厨房集光磁一体云平台、数据中台和人工智能平台于一体，为用户提供存算网一体化的管理赋能工具，在底层提供数据智能存储调配和安全备份的基础上，为用户提供数据规范化自动治理和人工主动分析两项功能。一方面，中央厨房根据科研主体所处研究领域的特点，通过人为设置基本的数据需求、格式需求、目标结果和初始参数，即可通过自主学习、反馈训练和后期人为调整实现自动化数据治理，包括重要数据要素的筛选、发现、整合、关联、标注，数据类型的转化和标准化处理，形成用户所需的数据资源目录和溯源地图。另一方面，中央厨房提供大量的可人为配置和制定规则的训练分析工具，半自动化地辅助科研主体在中央厨房中直接对数据进行训练、建模、运算，实现经验知识与可解释 AI 的结合。中央厨房以前沿科学数据湖等基础设施建设和算力运营及工具服务为主要赢利模式。

3. 重合作型的数据要素价值化生态——数据工场

虽然一部分科研主体表示，前沿科学数据的开放共享和开发利用给其自身带来的潜在经济损失和学术损失是阻碍其参与生态共建、拉通产业链路的核心原因，但绝大部分科研主体赞同前沿科学数据部分开放、分批次开放、模糊化开放的折中办法。通过前沿科学数据银行融入数据要素的提供方、技术服务商、第三方服务商（律所、评估机构等）、数据需求方等多元市场主体，打造多维数据、多方合作、价值共创的前沿科学数据要素价值化生态体系。

前沿科学数据银行可以兼具数据收集、数据储存和数据治理功能，保证相关生态圈和数据处理链的完整性和高效合规运行。利用"长期低成本存储"换取敏感系数较低、时效性退却较快、开放意愿较强的前沿科学数据的基础权利（治理、开发、交易、展示等），然后将其融入前沿科学数据银行（受托存储、受托分析、受托治理、数据集市）和智慧应用开发中，依靠数据融通交易和开发应用产品来实现价值变现。

（三）前沿科学数据银行核心技术架构

前沿科学数据银行的核心技术架构如图 2 所示，总体架构分为基础设施层、数据资源层、平台层、场景应用层和用户层，基础设施层包括计算资源、存储资源和网络资源；数据资源层将建设各类前沿科学数据库及外部数据库，包括用户数据、登记数据、产品数据、订单数据、合同数据、需求数据、样例数据等；平台层主要是为场景应用层提供基础服务，包括用户中心、区块链平台，用于身份认证、业务数据上链等；场景应用层包括数据可视化大屏、中心门户、数据流通交易平台、数据流通安全监管平台、数据运营管理平台、数据开发平台，为用户层的数据提供方、数据需求方、数据经纪人、数据商、运营人员、监管机构等提供操作平台。为数据从产生、汇聚、存储、加工到管理、开放、融通、开发的全生命周期提供了一站式服务，以支持前沿科学数据银行为各层级科研主体提供的三类业务模式。

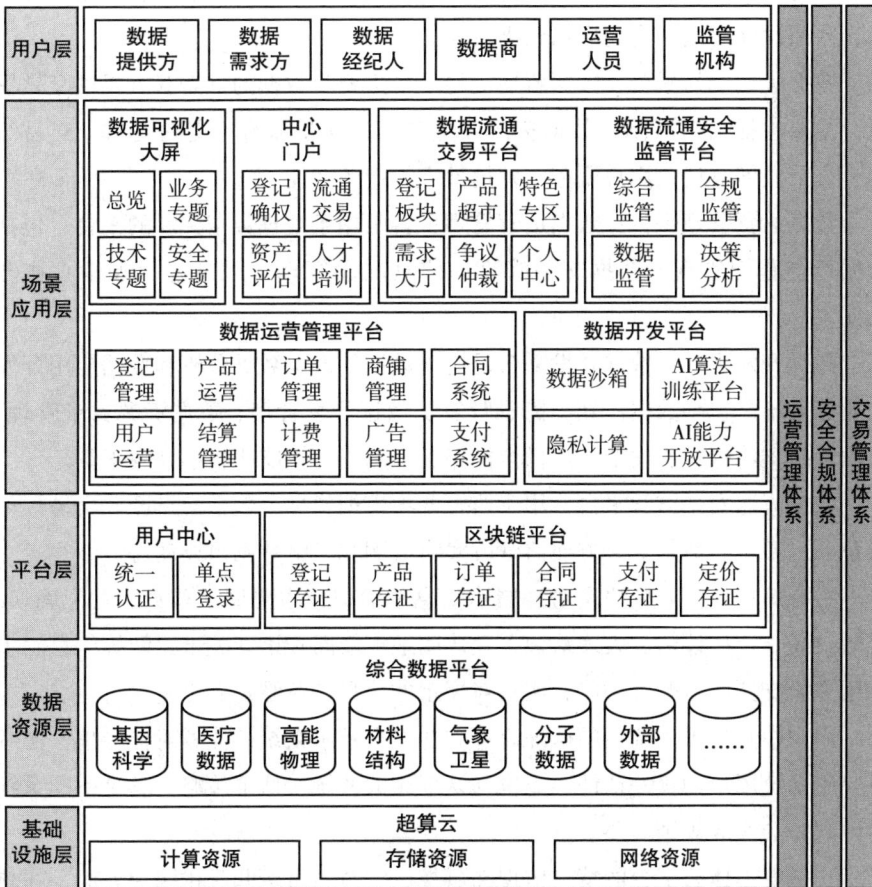

图 2　前沿科学数据银行的核心技术架构

前沿科学数据银行的建设包含覆盖前沿科学数据价值化及流通全链条的服务能力,核心功能包括数据资产管理、数据开发、用户管理、数据安全监管、数据资产登记、数据资产挂牌、数据资产交易、智能合约、清算等。

区块链平台:区块链平台结合了去中心化、不可篡改的技术特点,确保数据在流通交易过程中的安全性,能够辅助数据确权,促进数据可信流通。区块链技术可实现数据资源的整合和优化配置,实现数据的实时共享和交易,促进数据价值的释放。

数据可视化大屏:基于综合数据平台可视化编辑工具实现数据可视化大屏建设,为用户层的运营人员提供直观、动态、可交互的业务逻辑和数据指标展示,并通过动态效果直观展示数据流通方式。

数据流通交易平台:数据流通交易平台主要为数据的供需双方提供交易场所,主要包括信息展示、数据资产登记确权、交易撮合、交易支付、交易结算、交易数据分析、用户服务、营销推广等业务功能。

数据运营管理平台:数据运营管理平台是用于处理数据交易的平台,包括数据资产登记管理、数据交易管理、信息展示管理、用户运营等核心业务功能。

数据开发平台:数据开发平台是用于数据处理、数据分析和数据应用开发的业务系统,包括数据沙箱、隐私计算、数据开发管理、数据资源目录管理、数据管控支撑等核心功能,提供全链路、一站式、智能化数据开发工具。

数据流通安全监管平台:用于监管各项数据指标,包括交易额、交易订单数量、上架产品数量等,方便监管方实时监测和了解数据市场动态。

中心用户:中心用户是对外展示信息的窗口,主要展示首页、登记确权、流通交易、资产评估、人才培训、党建园地、新闻资讯、关于我们等信息。中心用户需支持后台配置功能,实现对展示的信息进行维护和更新。

用户中心:提供统一的认证管理和各平台及子系统的业务对接管理,实现各应用系统用户的统一认证,提供与认证相关的统一认证策略,满足不同系统认证服务的业务规则需要。

光磁电一体云平台的特点体现在可控、安全、海量和云化四个方面,在热存储与冷存储之间探寻最佳性能搭配和最优资源分配,充分发挥不同存储介质的特性,通过光磁融合管理软件提供统一存储空间,是兼具电、磁存储快速读写和光存储长寿命、安全可靠、绿色节能等特点的存储系统。

数据中台主要包含知识管理体系和安全防护体系。知识管理体系细分为数据资源管理、非结构化视频管理和数据标注管理三个部分，为用户提供数据仓库和商务智能管理、文档和内容管理、参考数据和主数据管理、数据质量管理、数据操作管理、数据架构管理、数据安全管理和元数据管理等基础技术管理能力，以及结构转化、视网膜标注、视图库等进阶能力。而在安全防护体系中，采用"区块链+量子加密+xID 隐私保护"的核心技术，建立"安全标准+数据分级+全生命周期+安全评估"的安全框架，保障数据中台的稳定运作。两者结合实现了高效、安全、稳定、便捷的数据处理和数据获取操作。

AI 中台是超级算力和智能训练的结合点，是前沿科学数据银行的智慧引爆点，一方面，通过异构算力融合、"云边端"全栈架构和按需高效分配模式，为前沿科学数据湖提供超级算力整合，满足海量多元数据涌入时的处理需求；另一方面，逐步引入 AI 生态厂家算法在 AI 中台进行整合，实现世界一流亿级多场景数据集标注的同时，为前沿科学数据全场景应用赋能。在算力和算法的基础上，AI 中台还提供用户自主创建训练模型和数据分析工具的能力，可定制开发所需处理工具。

二　前沿科学数据银行建设的建议

前沿科学数据银行致力于打造前沿科学数据价值化及产业化高地和高端人才聚集地。从全球视角来看，2020 年是全球公认的数据元年，美国、欧盟、中国接连发布了以数据为核心的国家战略。美国在《联邦数据战略和 2020 年行动计划》中明确未来十年将持续聚焦数据资产领域，既把联邦数据当成战略资产进行全方位汇集，又将其视为宝贵的国家资源加以保护。《欧洲数据战略》则指出要构建欧洲统一数据市场，以确保个人和非个人数据的安全为基础，全面推动和促进欧洲数字经济的发展，使欧洲成为数据驱动型社会的典型。中国《中共中央 国务院关于构建更加完善的要素市场化配置体制机制的意见》指出，要推进中国数据要素市场化进程，推进数据资源开放共享，提升数据资源价值，加强数据资源整合和安全保护，与国际上对数据的密切关注形成呼应之势。

前沿科学数据银行是围绕大型科研设施、海量科学数据、超强运算能力而建成的产业高地。前沿科学数据作为中国数据要素的重要组成部分，是贯穿产学研全链条的通用数据类型，既是基础科学、创新研究的立身之本，也是产业发展、行业变革的助推之力。前沿科学数据具备权属明确、价值密度高、固有成本高、存储需求大、产量持续稳定等特点，同时是众多数据要素中与产业落地、双创互通联系最为紧密的一类数据。针对这样的特点，前沿科学数据银行的提出，一方面是站在国家、学界的立场上，保护国家花费大量人力物力换取的数据要素资产；另一方面也是站在民众、业界的需求上，提供一个可获取、可利用、可延展的数据接口，在早期数据融通受到权属、定价、安全等问题影响时，瞄准高价值、低风险、高成长性的应用场景，最先试点突破。

参考文献

陈刚：《科学研究大数据挑战》，《科学通报》2015 年第 Z1 期。

李鑫、于汉超：《人工智能驱动的生命科学研究新范式》，《中国科学院院刊》2024 年第 1 期。

林镇阳、侯智军、赵蓉等：《数据要素生态系统视角下数据运营平台的服务类型与监管体系构建》，《电子政务》2022 年第 8 期。

刘烈宏：《进一步释放数据要素价值 加快推进数字中国建设》，《旗帜》2024 年第 4 期。

马建堂：《建设高标准市场体系与构建新发展格局》，《管理世界》2021 年第 5 期。

尹西明、陈劲、王冠：《场景驱动：面向新质生产力的数据要素市场化配置新机制》，《社会科学辑刊》2024 年第 3 期。

尹西明、林镇阳、陈劲等：《数据要素价值化生态系统建构与市场化配置机制研究》，《科技进步与对策》2022 年第 22 期。

张国庆、李亦学、王泽峰等：《生物医学大数据发展的新挑战与趋势》，《中国科学院院刊》2018 年第 8 期。

张钦昱：《数据权利的归集：逻辑与进路》，《上海政法学院学报》（法治论丛）2021 年第 4 期。

Merchant A., S. Batzner, S. S. Schoenholz, et al., "Scaling Deep Learning for Materials Discovery," *Nature*（2023）.

B.14
2023~2024年桐乡市数据要素
创新发展研究报告

张凯萌　邬介然*

摘　要： 随着数字经济的发展，数据作为核心生产要素，其价值日益凸显，对资源配置的优化、新质生产力的发展以及生产生活方式和经济模式的转变起到关键推动作用。桐乡市位于浙江省北部，作为长江三角洲地区的重要节点城市，正积极融入数字经济的浪潮，致力于成为数字经济的先行示范区。桐乡市以数据要素为核心，积极推动产业转型升级和城市智能化发展。近年来，桐乡市在智能化公共数据平台建设、数据资源基础设施建设、数字产业发展等方面取得了显著成效，构建了高效的数据处理与应用体系。未来，桐乡市将继续推进数据资产化进程，提升数据质量，加强数据安全保障，在数字经济领域形成新的增长点，为城市的可持续发展注入新动能。

关键词： 数据要素　数据治理　数字经济　桐乡市

一　桐乡市数据要素发展现状

（一）桐乡市智能化公共数据平台建设现状

桐乡市作为首批省级一体化智能化公共数据平台县级目录试点，对数据要素的发展展现出坚定的决心和提供了有力的政策支持，桐乡市政务数据办制发

---

* 张凯萌，浙江大学长三角智慧绿洲创新中心未来区域发展实验室副研究员，主要研究方向为宏观经济学、数理统计；邬介然，经济学博士，浙江大学经济学院金融学系教授、博士研究生导师，主要研究方向为宏观经济学、资产定价理论、数理经济学与数值计算方法。

了《桐乡市公共数据平台数据资源目录》和《桐乡市公共数据平台省市数据接口目录》，收集整理了部门间共享需求 219 条，不仅体现了桐乡市在数据治理领域的领先地位，也表明了其对于数字化发展的高度重视。

2022~2023 年，桐乡市投入 6 亿元财政资金，建设了乌镇世界互联网科技馆，充分发挥国资力量，助力高能级大平台大项目。此外，桐乡市累计投资 19.85 亿元，支持开发区智能视觉物联园区、梧桐智创园区、崇福南阳先导区人工智能产业园和乌镇超算中心等各类智能工业园区和智能制造项目的建设，推动数字产业优质项目落地与孵化。桐乡市乌镇"国际互联网小镇"以及世界互联网大会乌镇峰会的永久落户，搭建了中国与世界互联互通的国际平台，以及国际互联网共享共治的中国平台。同时，桐乡市政务数据办以公共数据平台建设为切入点，按照"全省一盘棋""市县一体化"统一部署，结合县域数据归集基础，积极构建桐乡市县级数据仓，充分运用平台共享交换能力，数据赋能、先行先试，支撑县域数字化改革初见成效。

桐乡市人民政府办公室出台的《桐乡市支持数字经济高质量发展若干政策》及桐乡市经信局会同桐乡市财政局制定的《桐乡市产业数字化奖励（补助）细则》等政策文件，加大了对数字经济关键核心技术研发、重大创新载体平台建设、数字经济重大项目和应用示范等方面的资金支持力度。2023 年，桐乡市安排了 2534 万元的资金用于数字经济企业的技术研发投入和人才培训补助，不仅促进企业加大了技术创新和人才培养力度，同时提升了企业的核心竞争力和创新能力。此外，1576 万元的资金被安排用于奖补产业数字化项目，进一步促进了产业的数字化转型。①

（二）桐乡市数据资源基础设施与多领域数字化应用发展现状

1. 数据资源的规模与基础设施建设

桐乡市作为经济大市和工业强市，拥有庞大的数据资源规模。近年来，随着数字化和智能化的发展，桐乡市在数据收集、存储和处理方面的能力不断提升。桐乡市还建有多个大型数据中心和云计算平台，这些设施不仅为当地企业

---

① 《桐乡市以"智"提"质" 擘画数字经济新图景》，浙江省财政厅网站，https://czt.zj.gov.cn/art/2023/11/14/art_1164173_58927732.html。

提供了高效的数据处理服务，也为数据资源的汇聚和共享提供了有力保障。特别是"乌镇之光"超算中心，总算力已达180P，算力水平进入全球前十，为产业发展提供了强大的算力支持。

桐乡市的数据交易平台活跃，推动了数据资源的流通和交易，桐乡市在数据要素市场的发展上取得显著成效。2014~2023年，桐乡市数字经济核心制造业产值实现了显著增长，从49亿元增加至277亿元，年均增长率超过20%。2023年，桐乡市继续推进数据资源的"一本账"管理，累计编目超过1895个，动态归集的数据量达到8.30亿条，累计共享数据总量达到1.06亿条，并且已经形成本地人口、法人、经济等多个领域的专题库。① 此外，桐乡市还有约1.51亿条数据同步推送至嘉兴平台桐乡数仓，共享省市数据接口共计168个，桐乡市的数据平台日均调用数据接口次数高达30万次，累计实现接口调用160万余次，调用数据8417.26万次。促进省级数据与地方应用的深度整合，利用省级回流的153项数据资源和本地收集的1384项数据资源，桐乡市成功构建了本地的人口信息库和法人信息库两大核心数据库。持续保持一体化数字资源系统（IRS）应用、数据、云资源等关联率指标100%。

2.数据价值的挖掘与数据的广泛应用

桐乡市积极推动数字产业的发展，通过与大数据、云计算、人工智能等新兴技术的深度融合，构建了强大的数字产业集群。这一举措不仅推动了互联网与实体经济的紧密结合，也为数据资源的广泛应用奠定了坚实基础。在数据资源的具体应用方面，桐乡市展现了多元化的实践。

在政务领域，通过建设公共数据平台，支持县域数字化改革，并打造了多个县域综合应用场景。如"桐行通"大数据平台，利用"大数据+网格化"手段，打造了多个县域综合应用场景，累计注册用户75万人，集成5大类30多个民生应用，有效提升了政务服务的便捷性和效率。打造"嘉湖一体化"通办圈，实现了政务服务的两地通办，以"数据跑"代替"群众跑"，极大地便利了群众。

在农业领域，桐乡市通过建立"桐乡数字乡村"等平台，归集了大量农

---

① 《桐乡市全新升级"24小时不打烊"智慧政务大厅》，中共嘉兴市委、嘉兴市人民政府网站，https://www.jiaxing.gov.cn/art/2023/8/25/art_1558741_59617301.html。

业资源数据,约 228 万条,已建立农业资源等十大数据库,推动了农业的高质量发展。聚焦数据基础、特色应用,持续推进农业农村领域数字化改革,创新推出"云上乡村"综合应用平台,实现了"1+1+9+N"(一幅地图、一个数据库、九个场景、多个应用模块)的多场景覆盖。[①]

在工业领域,桐昆数智运营中心内,高效运转的数字大脑每天产生 150 多亿条数据,管理者轻松点击,就能实时了解集团各工厂的生产运行状况。新凤鸣孵化的浙江五疆科技发展有限公司,基于全域价值链化纤全产业链数据共享分析、基于化纤生产制造大数据的质量数据模型应用等,已经形成产品内部应用,拟扩展到行业和公共应用。[②]

在公共服务领域,"新生报名"微应用通过大数据比对,提高了招生报名工作的效率和规范性。同时,通过与微医集团等企业合作,推动了健康医疗数据产业的发展,提高了医疗服务的便捷性和效率。建立了电子健康档案系统,实现了患者信息的共享和查询,提高了医疗服务的便捷性和效率。桐乡市妇幼保健院将万物互联、数字孪生等技术与医疗健康服务的全过程进行了深度融合,开启了院前、院中、院后的"全周期数字模式",率先探索打造全省首家县域"未来医院"。建成掌上医疗健康服务生态圈,在全省首创"爱心医院",打通卫健、慈善、民政等多部门数据,集聚报销、补助、减免等资源。上线全省县级市唯一试点应用"浙里健康 e 生",深化"居民、医生、治理"三端联动。

在智慧安防领域,作为桐乡市数字经济特别是智慧安防产业领域的龙头企业,浙江宇视系统技术有限公司在注重自身发展的同时,还积极发挥智慧安防产业链"链主型"企业的优势,积极助力桐乡经济开发区培育壮大智慧安防产业链。

在智能汽车领域,桐乡市与华为、百度、中电科等头部企业紧密合作,形

---

① 《桐乡市以世界互联网大会红利释放为契机 深化数字赋能共同富裕县域实践探索》,嘉兴市发展和改革委员会网站,https://fzggw.jiaxing.gov.cn/art/2023/8/21/art_ 1229541437_ 58948841.html。

② 蒋雨彤、沈婷:《浙江桐乡加速建设数字青春之城》,《中国青年报》2023 年 12 月 21 日;《桐乡市聚势发力擦亮集群名片 推进纺织服装产业转型升级》,嘉兴市经济和信息化局网站,https://jxj.jiaxing.gov.cn/art/2024/4/30/art_ 1477801_ 58920039.html。

成了以合众新能源汽车股份有限公司、福瑞泰克（浙江）智能科技有限公司等为代表的智能汽车产业，以浙江宇视科技有限公司、三一重工全资子公司盛景智能科技（嘉兴）有限公司为引领的智能传感产业，以"乌镇之光"超算中心、中科曙光高端服务器制造为核心的智能计算产业，以联想恒云智联、百度百易互联为引领的工业互联网产业。

二 桐乡市数据要素驱动的经济与社会影响

（一）数据要素驱动的经济影响

1. 数字经济发展

桐乡市牢固树立"无数字，不桐乡"的发展理念，出台《关于加快"数字桐乡"建设的决定》等政策文件，确立数字经济在全市经济发展中的核心地位，推动数字经济高质量发展。"乌镇之光"、宇视科技、哪吒汽车等多个标志性数字经济项目落户桐乡。其中，"乌镇之光"超算中心成功创建浙江首个国家超级计算中心。

2023年，桐乡市全年实现规模以上高新技术产业增加值320.21亿元，数字经济核心制造业增加值54.27亿元，同比分别增长4.4%、8.2%，增速均高于规模以上工业平均水平，占规模以上工业增加值比重分别为68.3%、11.6%，分别较上年提高0.5个百分点、1.0个百分点，反映出数字经济在全市经济结构中的重要性。与此同时，桐乡市数字经济核心产业的投资额达到61.09亿元，较上年增长5.5%，其中数字经济制造业投资增长20.8%。软件和信息服务业同样表现不俗，软件和信息服务业营收11.25亿元，同比增长17.6%。[①] 全市新增数字经济规上企业16家，数字经济规上企业中有3家企业入选首批省级5G全连接工厂，新增2家省级制造业"云上企业"、1家省级首席数据官试点企业，3个案例入选省数字经济创新提质"一号发展工程"优秀案例、1个案例入选省委组织部实施三个"一号工程"典型案例。

---

① 《2023年桐乡市国民经济和社会发展统计公报》，桐乡市人民政府网站，http://www.tx.gov.cn/art/2024/2/20/art_ 1229401771_ 5266389. html。

2. 新旧动能转换与数字化转型成效

桐乡市经济发展动能从传统的"三丝一纺"向现代的"三智一网"转换。积极实施"桐乡市制造业数字化转型牵引计划"，完成毛衫行业第一批5家样本"试点"企业和20家推广企业数字化改造，且毛衫行业入选省级中小企业数字化改造财政专项激励试点。全面推进"两化改造"，启动数字化改造攻坚项目380项，完成率100%。

数字化转型不仅带来了生产效率的提升，还带来了质量的飞跃。例如，嘉兴福盈复合材料有限公司采用数字化控制系统，使机械臂生产一块光伏组件产品的平均用时缩短至20多秒。亘美集团通过智慧化平台，实现从接单、货品外发到客户对接的全流程智能化，服装生产效率从0.486件/秒提升到0.702件/秒，生产效率和全员生产效率分别提升44.4%和22.4%，而产品不良率从14.5%降低到8.5%。濮院针织企业开展数字化改造，在售针织服饰补单补货周期缩减60%~80%。新凤鸣以数字化改造驱动未来工厂建设，研发周期缩短50%，人均效率最高突破800吨/年，人均产值超600万元/年。得益于数字引擎，桐昆经济指标也迎来了蝶变——企业生产效率提升36%，运营成本降低31%，质量损失率下降21%，库存周转率提升33%，产品不良率下降42%。[①]

数据要素也助力政企向绿色节能低碳转型，桐乡市聚焦重点行业绿色化改造，增添高质量发展新动能，创建国家级绿色工厂4家，绿色设计示范企业、绿色设计产品数量领跑嘉兴，其中绿色设计示范企业5家，占嘉兴总数的71.4%。其中，浙江嘉澳绿色新能源有限公司以设备技改为核心进行绿色化改造，缩短了反应时间，降低了反应温度，提高了反应速率和产品稳定性。

3. 区域影响力及竞争力提升

世界互联网大会乌镇峰会的永久落户，搭建起桐乡市与世界互联的桥梁，让全世界认识桐乡市，显著提升了桐乡市的知名度、美誉度和整体城市实力。同时，桐乡市加强与科技通信巨头合作，与中国联通携手共建联通工业互联网创新中心；联合华为构筑"一中心四平台"，助力乌镇"国际互联网小镇"产业集聚。

---

① 蒋雨彤、沈婷：《浙江桐乡加速建设数字青春之城》，《中国青年报》2023年12月21日。

桐昆、巨石、新凤鸣、华友、新澳等 10 余家行业内领军企业，不仅为桐乡市带来了强大的经济驱动力，也进一步巩固了其在全球细分行业中的领先地位。桐乡的发展战略不局限于企业集群的物理集聚，更通过与清华大学、电子科技大学等高校合作，建成乌镇实验室、未来产业研究院等 100 余个创新平台。

桐乡市科协积极推动"科创中国"与"科教融合"的试点项目，引导街道科协、企业科协和各类学会深度参与并服务地方发展。此外，为科技工作者精心打造线上线下相结合的科普展示平台，以持续提升桐乡市科普的知名度和影响力。

数据要素的驱动也促进了桐乡市与其他地区的经济合作与交流。桐乡市已与多个城市建立了数据共享机制，通过数据流通和应用促进了区域经济的协同发展。在技术创新和绿色发展上，新增了 1 家国家级技术中心、2 家省级技术中心和 2 家省级绿色低碳工厂，培育了 3 家工信部工业产品绿色设计示范企业。此外，巨石入选工信部智能制造示范工厂揭榜单位，成为嘉兴唯一获此殊荣的企业。

同时，通过数据要素，企业能够更准确地把握市场动态，优化生产流程，提高产品质量，降低生产成本。通过移动 5G、人工智能、大数据等高新技术，合众新能源在桐乡市建立了全生态智慧工厂，实现了全流程自动化生产，并大幅提升了生产效率和市场竞争力；新凤鸣在其化纤 5G 工厂中应用智能化机器设备，解决了化纤行业长期存在的飘丝飘絮难题，使企业产品次品率下降了 60%，每年直接减少损失约 2000 万元。

（二）数据要素驱动的社会影响

1. 民生福祉增进

为了深化"互联网+养老"服务模式，桐乡市打造了"e 桐养"智慧养老综合服务应用平台，并且上线微信小程序，为用户提供了更加便捷的服务入口。该平台已完成 11 个智慧化服务场景的建设，实现了与公安户籍信息库的实时数据交换，建立了桐乡市动态的"老年人信息数据库"，为精准养老服务提供了有力支持。

此外，桐乡市对接"96345"服务平台，确保养老服务清单全天候 24 小时在线服务，极大地提升了服务效率与用户体验。为了进一步推动居家养老服务照料中心的智能化进程，桐乡市为30家照料中心配置了智能服务终端，实际完成率达到142.9%。同时，桐乡市全面推进电子病历、智慧服务、智慧管理三位一体的智慧医院建设，通过整合医院的医疗、护理、患者服务、运营管理等系统，推动医院信息标准化，建立完善的医院智慧管理数据库和信息系统。为提升患者信息互联共享的效率，通过数字化手段为患者提供包括候诊提醒、智能预约、智能结算等在内的便捷服务。构建了桐乡市县域"健康大脑"，实现整体智治，推广"浙医互认""浙里急救""浙里护理""浙里健康 e 生""浙里中医"等重大应用，推动基层医疗机构标准化"云诊室"的建设，并引入人工辅助诊断技术，提升基层医疗服务水平。

在教育领域，桐乡市打造"一个平台""两种能力""三类课程""思维管理"的公益网校，保障了桐乡市教育的优质化，驱动了全域教学的数字化，促进了城乡教育的均衡化。

2. 社会服务与治理效能提升

桐乡市积极运用数字技术，打造"四治融合"综合应用平台，实现了党建统领、自治、法治、德治、智治五大场景的集成应用。通过这一平台，桐乡市能够实时掌握网格、人口、房屋等信息，大大提高了社区治理的效率和精度。

桐乡市政府通过建立实时的舆情分析系统，确保在2小时内对重大社会事件进行响应，并在4小时内给出初步的解决方案，显著提高了政府对社会动态的把握和响应速度。此外，通过数据要素驱动的社交媒体平台，加强了与市民的互动，政府社交媒体账号的粉丝数量增长30%，市民的参与度和反馈率也显著提高。通过数据公开平台，实时发布政策执行、财政开支等关键信息，提高了治理的透明度和公正性。相关数据显示，市民对政府治理的满意度提升了12%。

在社区矫正领域，桐乡市司法局的智慧矫正项目入选嘉兴"数字赋能市域社会治理"十大创新案例。该项目通过构建联动的监管体系，实现了对矫正对象的精准监管，并创新性地实现了矫正对象跨县域联动管理模式，促进了信息共享和协同处置。

桐乡市在政务服务创新方面也取得了显著成效，与湖州市南浔区共同打造

"嘉湖一体化"通办圈,实现了两地政务服务事项的通办和电子证照的共享互认。同时,依托机关内部"最多跑一次"数字化平台,桐乡市实现了公务员和事业单位人员职业生涯全周期管理服务,极大提升了政务服务效率和便民服务水平。

3. 城市生活品质提升

桐乡市,一个常住人口数超过百万的城市,不仅在经济规模上取得了显著成就,在城乡发展均衡性与可持续性方面也展现了独特魅力。2023年,桐乡市地区生产总值达到1252.35亿元,农村居民人均可支配收入跃升至49586元,城镇居民人均可支配收入增长5.2%,城乡收入比稳定在1.51∶1,充分展现了城乡发展的均衡性与可持续性。[①]

在智慧城市建设领域,桐乡市充分利用大数据、物联网等前沿技术,实现了交通、能源、环境等领域的智能化管理。为提高道路通行效率、保障道路交通安全,桐乡市对迎宾大道的道路和绿化进行全方位整治提升,融入智慧交通元素,实现迎宾大道路段的数字基建升级改造。智能交通系统有效减少了交通拥堵时间,显著提高了城市交通效率。而且,桐乡市通过数据分析,对城市空间布局、功能分区进行了科学规划,优化了城市发展结构。

三 桐乡市数据要素发展的挑战与对策

桐乡市在积极推动数据要素市场发展的过程中,实现了数据资源的初步积累和应用,为城市的数字化转型提供了动力。然而,随着数据量的增加和应用领域的拓展,一些问题逐渐显现,包括数据安全与隐私保护、数据标准化与互操作性、数据治理与法规建设等方面。

(一)桐乡市数据要素发展可能面临的问题和挑战

实现数据要素价值化的首要步骤是数据资源化,即将原始数据转化为可利用的资源。随后,数据共享成为关键,它可促进数据资源的交易流通和分析利

---

① 《关于桐乡市2023年国民经济和社会发展计划执行情况及2024年国民经济和社会发展计划草案的报告》,桐乡市人民政府网站,http://www.tx.gov.cn/art/2024/4/7/art_ 1229399164_5287271.html。

用。交易流通可为数据提供市场机制，而分析利用是数据价值实现的最终体现。这一过程需要云服务、隐私计算、人工智能等数字技术的支撑，以及数据中心等基础设施的保障。然而，桐乡市在数据要素发展过程中，面临一系列挑战。

1. 基础设施与资源供给的挑战

桐乡市在数据资源化的过程中，首先需要解决基础设施与资源供给的挑战。尽管从理论上看，区块链、隐私计算、多方安全计算等先进技术为数据要素的流通交易提供了解决方案，有望解决数据交易中的关键问题，如数据溯源、隐私保护以及数据流通追溯等；然而，桐乡市数据基础设施和技术环境还未达到国家设定的战略目标，同时难以满足数据要素流通实践的需求。此外，有效数据资源供给不足亦成为制约发展的因素。

桐乡市在数据要素市场建设中，技术发展相对滞后，这限制了数据处理和分析的先进性。为了提升市场竞争力，需要加强技术研发与应用，以支撑数据要素市场的创新和发展。这种不足不仅限制了数据要素市场的健康发展，也影响了数据资源的高效利用和共享。因此，加强数据基础设施建设和提升技术支撑能力，成为当前数据要素市场发展的迫切需求。

2. 技术安全与市场机制完善

数据安全保障是桐乡市推进数据要素市场发展的关键。加强安全技术应用，确保数据的安全性和可靠性，是不可或缺的一环。同时，数据权属的明确性、资产定价的合理性、交易的顺畅性，构成了数据要素市场的核心。桐乡市在数据权属确定、数据资产定价等方面可能会遇到挑战，需通过技术创新和市场机制的完善来解决。

但是，目前整体数据要素市场不活跃。数据供给侧面临很多现实问题，如合规成本高、个人数据开发利用成本高、科研类数据共享机制不完善、公共数据开发激励不足、部分企业和机构数字化转型进程缓慢、数据分析能力不足、公共数字化应用场景开放程度低、数据供需之间存在不对称、数据市场中信息不对称、价格发现机制不完善等。

3. 监管治理与社会公平的推进

桐乡市在数据要素市场建设中，还面临监管和治理挑战、数据安全合规成本、数据垄断、数字鸿沟等一系列复杂的难题。首先，监管和治理挑战。数据确权在理论和实践上均面临挑战。清晰界定数据所有权、数据使用权和数据收益权是建设健康数据要素市场的关键。权属划分不明确可能导致市场发展受阻。其次，数据安全合规成本。数据交易的合规性和安全性需要高成本维护，这降低了市场参与者的积极性，影响了市场流动性。需要通过技术手段和完善的法律法规来保障数据交易的安全。再次，数据垄断。企业对数据资源的垄断可能形成市场支配地位，影响市场的公平竞争。需要通过反垄断法等来解决数据垄断问题，确保市场的健康发展。最后，数字鸿沟。不同群体在数据获取和使用上的差异，导致了数据资源分配不均。桐乡市应采取措施，缩小数字鸿沟，促进社会整体数字化发展。

（二）桐乡市数据要素发展的对策建议

1. 推进数据资产化，明确产权与管理策略

桐乡市正致力于推动数据资产化，将数据从原材料转化为具有经济价值的资产。为此，制定一系列数据资产标准，建立完善的数据交易平台市场规范，以促进数据的加工和增值尤为重要。在这一过程中，桐乡市应加强数据隐私保护，提升数据治理水平，确保数据资产化过程中的经济因素得到合理利用和保护，从而为数据要素的健康发展提供坚实的基础。

2. 提升数据质量，构建全面的价值评估体系

在大数据环境下，采用先进的数据质量管理方法和流程，确保数据的高质量。针对数据资产这类特殊资产，采用经过相关指标修正的折现法进行价值评估。同时，对具体评估方法的适用性进行深入分析，并不断创新和优化数据资产价值评估方法，以确保评估结果的准确性和公正性。

3. 保障数据安全，激发市场活力

随着数据价值显化，桐乡市需构建基于分类分级的数据安全"多元共治"体系，加强数据隐私保护，并提升数据治理水平。此外，加速新技术的研发，优化数据处理流程，提升数据交易效率，建立健全数据安全保障与合规交易机制，明确政策红线，尤其是安全政策。探索制定"尽职免责"方案，以打破市场预期，降低数据交易风险。

激发市场活力，构建合理的市场参与者激励机制，提高数据产品的质量和吸引力。在需求端提升各行业的数字化水平，推动数据要素的应用场景构建。

同时，优化数据流通交易模式，减少市场摩擦，重视数据交互的方式，畅通数据交易和数据交互两种数据要素流通渠道，以促进数据要素的高效流通和广泛应用。

四 桐乡市数据要素驱动发展的前景展望

（一）数据要素对桐乡市长远发展的影响

在全球化与信息化的浪潮中，数据要素将成为桐乡市经济转型和产业升级的重要驱动力，推动经济向数字化、智能化方向发展。数据要素的应用将推进桐乡市社会治理现代化，提高公共服务效率和城市管理水平。

1. 推动经济高质量发展，提供经济增长的新动力

数据要素的深度开发和应用，为桐乡市经济发展注入了源源不断的新动力。通过促进数字经济蓬勃发展，数据要素不仅优化了商业模式和产业生态，而且提高了数据资源的利用效率，为经济社会的全面进步提供了坚实的支撑。特别是在智能驾驶、医疗健康、工业互联网和文化旅游等关键领域，数据要素的应用开辟了新的商业模式，为经济发展培育了新的增长点。

2. 推动产业升级与创新驱动，增强产业竞争力

桐乡市正通过数据要素推动传统产业的数字化转型，利用数据分析优化生产流程，提升产业效率和产品质量。智能化改造、工业互联网的发展和未来工厂的建设，是产业升级的有力举措。同时，新兴产业的培育和发展，不仅为桐乡市经济增长提供了新的动能，也为科技创新提供了强有力的支撑。

3. 实现城市智能化建设，提高政府治理效能

数据要素是桐乡市建设智慧城市、实现高效治理的关键。通过构建城市大脑，实现对城市运行状态的实时监测和分析，有效提升应急响应和危机管理能力。此外，数据要素的应用促进了政府决策的数字化和智能化，提高了政府服务的透明度和效率，为公共服务的个性化和精准化提供了支持，优化了资源配置，提升了居民的生活质量。

4. 强化数据要素集聚效应，培育新兴产业集群

作为长三角地区数据流通应用的核心枢纽，桐乡市通过发展数据要素产

业，显著提升了区域竞争力。数据要素的集聚效应吸引了众多数商企业、数据服务机构、投资机构和人才，形成了以数据为核心的产业集群，为可持续发展奠定了基础。同时，桐乡市致力于打造区域数据服务中心，提供数据存储、处理和分析服务，增强了区域服务功能，并提升了对外开放水平，促进了与国际市场的交流和合作。

（二）数据要素驱动发展的长期规划与目标

桐乡市正站在数字化转型的前沿，致力于构建健全稳定、集约高效、自主可控、安全可信、开放兼容的一体化智能化公共数据平台。这一平台将成为桐乡市数据治理能力提升和数据赋能本领增强的核心支撑。

依据《乌镇数据要素产业园发展规划》，桐乡市设定了明确的目标。预计到2025年，在乌镇数据要素产业园集聚50家以上主导产业企业，实现年数据登记备案交易额超10亿元，数字经济核心产业主营业务收入超200亿元。乌镇数据服务集团将打造行业主题数据专区，构建辐射长三角地区的数商生态体系，推动数据流通交易，完善数据交易链的互联互通体系，为桐乡市的数字经济发展奠定坚实的基础。

桐乡市进一步制定了《桐乡市全球新材料先进制造业基地规划（2023—2027年）》。展望2030年，桐乡市将在智能汽车、智能计算、工业互联网、新材料、生物医药等关键领域形成完整的数据要素产业生态圈，打造长三角乃至全国数据流通应用的核心枢纽。桐乡市将通过数据要素产业联盟聚合政府、企业、研究机构等各方资源，共同推动数据要素的发展，实现数据赋能发展的目标，促进产业创新与经济增长。

随着《"数据要素×"三年行动计划（2024—2026年）》等国家层面最新政策的出台，桐乡市积极响应国家政策号召，推动数据要素与实体经济的深度融合。桐乡市有望在数据要素产业中加快迭代升级，形成新的竞争优势。在数据治理方面，桐乡市将依据国家政策，建立健全数据治理体系，确保数据资源的合理配置和高效利用。

总之，这些政策的实施将为桐乡市的数据要素产业发展提供强有力的支持，推动桐乡市在数据治理、数据安全、数据交易等方面实现质的飞跃，为桐乡市的长远发展注入新动能。

Abstract

At present, the development of China's data element market is still in its infancy, and the new characteristics of data elements are very complex, posing new challenges to traditional property rights, circulation and other institutional norms, becoming a key constraint on the release of data element value. There is currently no mature solution in China and globally. Building a comprehensive data element institutional system is a long-term and complex system engineering that requires innovation at the institutional level, strengthening coordinated promotion and task implementation, and innovating policies and legal support.

This report mainly studies how to build a data element basic system that adapts to data productivity. It will focus on the "Opinions of the Central Committee of the Communist Party of China and the State Council on Building a More Complete Market based Allocation System and Mechanism for Factors" and the "Opinions of the Central Committee of the Communist Party of China and the State Council on Building a Data Basic System to Better Play the Role of Data Elements" (hereinafter referred to as the "20 Articles of Data"), as well as the exploration and practice of digital economy and data element systems in many parts of the country. It explores the amplification, superposition, and multiplication effects of data on other production factors, as well as the promotion of rapid resource flow and accelerated integration of market entities by data elements, and the role of improving the efficiency of resource allocation in various fields.

This report thoroughly implements the spirit of the 20th National Congress of the Communist Party of China, adheres to a problem oriented approach, follows the laws of development, innovates institutional arrangements, focuses on the blueprint for the development of data elements outlined in the "20 Data Articles", and solidly explores and studies internationally advanced high-level data infrastructure systems.

In promoting the structural separation of data property rights reform, we should break away from the fixed mindset of ownership and focus on the rights of all parties involved in the entire process of data collection, processing, use, transaction, and application. By establishing a "separation of three rights" of data resource ownership, data processing and use rights, and data product operation rights, we can strengthen the data processing and use rights, activate the data product operation rights, accelerate the construction of the data property rights registration system, and provide institutional guarantees for releasing the value of data elements.

In establishing a data circulation and trading system, based on the exploration and practice of data trading at home and abroad, combined with the characteristics of data elements and the current situation of on exchange and off exchange trading, a data element market system that adapts to China's institutional advantages will be proposed from four aspects: rules, market, ecology, and cross-border.

In terms of establishing a data revenue distribution system, research and improve the mechanism of evaluating the contribution of data elements by the market and determining rewards based on contribution, with the aim of promoting data development and utilization, and affirming the labor value creation of data processors.

In terms of establishing a data element governance system, research and innovate government data governance mechanisms, with a focus on exploring data collaborative governance mechanisms involving multiple social forces, focusing on the three major data collaborative governance entities of government, enterprises, and society. The emphasis is on studying the regulatory role of the government, the responsibilities and obligations of enterprises, and the supervisory function of society.

Keywords: Data Elements; Data Ecosystem; Data Resources; Date Assets Entry into the Table

Contents

I   General Report

Abstract: This report analyzes the development and trends of data elements in China. It systematically reviews the evolution of China's data development from four dimensions: definition and properties, establishing regulations and systems, operational frameworks, and exploratory practices. Through analysis, it found that China's data element market currently exhibits the following characteristics: exploration leading the world, gradual improvement of institutional systems, continuous enrichment of application scenarios, AI-empowered development, thriving data element ecosystems, and rising cultivation of digital talent. However, the implementation of top-level design for data elements still faces challenges, including imbalanced supply and demand, insufficient depth and breadth in data classification and categorization, lack of practical guidance for data asset capitalization, and difficulties in data circulation. Additionally, the development of data elements confronts technical and managerial challenges. Looking ahead, China's data element market will accelerate its development, with scenario-based exploration serving as a critical pathway to unleash data value. Data governance is expected to enter a "new era", the value of data elements will be further unleashed.

Keywords: Data Elements; Market-Based Allocation System; Data Element Ecosystem

II Policy and Regulations

B.2 The Classification Model of Data Resources Held by Firms
from the Perspective of Future Cash Flow   *Zeng Xueyun* / 026

Abstract: The paper initially proposes a general accounting classification model for the data resources held by firms. Firstly, it extracts four types of cash flow characteristics of data resources from a universal logic, leading to a general classification of data resources into: digital infrastructure, data clue algorithms, customized Tcloud technology services, and standard data products. Based on this, the standard confirming data resources in the balance sheet are constructed and the four types of accounting classifications for data assets are derived. These four accounting categories are digital fixed assets, digital intangible assets, digital technology assets and digital inventory. Secondly, focusing on communications, finance and internet scenarios, taking into control rights and cash flow characteristics, four business categories are proposed: (1) digital platform engineering; (2) digital standard products; (3) digital projects services; (4) algorithm delivery. Thirdly, some accounting treatment methods are put forward for the recognition, presentation, capitalization conditions, measurement, disclosure, and derecognition of these four types of data assets. These contents form a theoretical and methodological framework for reporting data resources in a relevant complete business system. Finally, it is extremely necessary to study the application guidelines of "Interim Provisions on Accounting Treatment of Enterprise Data Resources" issued by the Chinese Ministry of Finance on August 21, 2023, and to set an accounting standards item related to the data resources considering the increasing digital transformation in China.

Keywords: General Classification Model of Data Resources Held by Firms; Business Model on Data Resource; Data Resource Accounting

B.3 Research Report on Data Portability Rights (2023-2024)

Zhang Wenxiang, Chen Lishuang and Zhong Xiangming / 040

Abstract: The implementation of the Personal Information Protection Law has officially opened a new journey of personal information and data protection in my country. The "right to data portability" has become one of the most important game points in China's data governance. It is becoming increasingly important to achieve control over data and define the scope of control. Establishing and improving the right to data portability is an important part of institutionally guaranteeing the flow and use of data. This report traces the origins of the Chinese and foreign systems of the right to data portability, and uses the new observation point of Tencent v. Duoshan User Data Ownership Case as an example to conduct a theoretical analysis of the controversial points. How to balance the rights and interests between data subjects and data processors, how to balance the rights and interests between data subjects and third parties, and how to balance the conflicts of rights and interests between data processors are the core of solving the balance of interests between data subjects, enterprises, and third parties. In order to seek a balance in the conflict between private rights and public interests, we should make beneficial adjustments to the rights and interests subjects based on the objective needs of data security and data factorization, and promote the improvement of the right to data portability system.

Keywords: Personal Information; Personal Information Protection Law; Right to Data Portability; Data Governance

B.4 Research Report on Data Rights Protection (2023-2024)

Guan Jiahui, Dai Minmin / 064

Abstract: China's Internet judicial practice actively responds to the needs of the times and constantly explores new ways to protect data rights and interests. Data rights and interests dispute cases involve a relatively large geographical areas, concentrated distribution of causes of action, data rights holder has a high success rates, large target amount, and often involve emerging fields, resulting in different relief paths. At present, for data rights disputes, the main methods are the legal interest protection model centered on copyright law and the behavior regulation model centered on anti unfair competition law. In judicial practice, there are problems such as difficulty in determining the content of data rights protection and limited protection scope under existing legal provisions. Hangzhou Internet Court has always focused on data property rights, circulation transactions, income distribution, security governance and other key areas, formulated and output demonstrative adjudication rules, and provided a solid legal guarantee for the protection of data rights and interests.

Keywords: Data; Internet Judicial; Data Rights Protection; Data Adjudication Rules

B. 5 Research Report on Cross Border Data Flow Rules in the Guangdong Hong Kong Macao Greater Bay Area (2023—2024)

Wu Shenkuo, Ke Xiaowei / 075

Abstract: The release of the value of data elements lies in the efficient circulation and utilization of data. Cross border data flow is an important support for promoting high-quality development of the digital economy. The Guangdong Hong Kong Macao Greater Bay Area, relying on its institutional characteristics of "one country, two systems, and three legal domains", provides a good "experimental field" for China to explore cross-border data flow innovation. Currently, there are differences in legal systems, and regulatory models among Guangdong, Hong Kong, and Macao, and the lack of effective coordination mechanisms hinders cross-border data flow in the Guangdong Hong Kong Macao Greater Bay Area. In 2023, the State Internet Information Office and the Innovation, Technology and Industry Bureau of the HKSAR Government successively released the Memorandum of Cooperation on Promoting the Cross border Flow of Data in the Guangdong Hong Kong Macao Greater Bay Area and the Guidelines for the Implementation of the Standard Contract for Cross border Flow of Personal Information in the Guangdong Hong Kong Macao Greater Bay Area (Mainland, Hong Kong) and other supporting implementation measures, providing new direction and new ideas for the improvement of the governance system of cross-border flow of data in the Greater Bay Area, and promoting the safe, orderly and free flow of personal information in the Greater Bay Area. Based on this, the Greater Bay Area can continue to deepen the governance of cross-border data flow in top-level design, institutional norms, and regulatory mechanisms, promote the safe and convenient flow of data elements in the Greater Bay Area, and help promote the construction of the "Digital Bay Area".

Keywords: Cross Border Flow of Data; Digital Governance; Guangdong-Hong Kong-Macao Greater Bay Area

Ⅲ Mechanism Ecology

B.6 Research Report on the Capitalization of Data (2023-2024)

Li Jizhen, Jin Yang / 087

Abstract: Data, as a key factor of production in the digital economy era, has become a strategic resource with immense potential in China's data resource output and data element market size. The Central Committee of the Communist Party of China, the State Council, and national ministries and commissions have successively issued a series of important policy documents centered on the development and deployment of the digital economy. Among them, the "Interim Provisions on Accounting Treatment of Enterprise Data Resources" (hereinafter referred to as the "Interim Provisions") issued by the Ministry of Finance in August 2023, is a specific measure to implement the development and deployment of the digital economy. This report provides references for the specific implementation path of enterprise data assetization by interpreting the "Interim Provisions" and analyzing the conventional pathways for data resources to enter the statement. Based on the data assetization practice actions carried out by the national and local governments, and the academic, production, and research communities, this report analyzes the current status of domestic data assetization and proposes a new data finance 3.0 model. Suggestions are put forward from both the enterprise level and the regulatory perspective, hoping to help promote local governments and enterprises to leverage the data element multiplier effect, empower local finance and enterprise development, and provide momentum for further promoting the development of China's digital economy.

Keywords: Data Assetization; Digital Economy; Corporate Strategy; Data Resource Management; Data Finance 3. 0

B. 7 Research Report on Data Asset Listing (2023−2024)

Zhong Wei, *Song Yingyue* / 102

Abstract: This report starts with the definition of the concepts of data governance, data resources and data assets, discusses the correlation between the three, analyzes the current policy of data assets into the table, and combines with the disclosure of data resources of China's A-share listed companies in the first quarter of 2024, puts forward the key points of response to the inclusion of enterprise data assets into the table, emphasizing the importance of sorting out the data resource catalog, improving the data governance system, clarifying the property rights of data assets, avoiding data compliance risks, determining asset valuation methods, calculating the value of data assets, determining cost allocation methods, and optimizing revenue distribution models, providing reference to enterprise data assets into the table.

Keywords: Data Resources; Data Assets; Data Governance; Data Assets into the Table

B. 8 Research Report on the Mechanism and Practical Application of Enterprise Data Rights Confirmation and Authorization (2023−2024)

Zhong Hong, *Wang Peng* / 116

Abstract: This report delves into the mechanism and practical applications of enterprise data rights authorization. It begins by discussing the implementation background of the "Data Twenty Articles", aiming to strengthen the lawful use of data, protect personal privacy, and promote data security and information development. The report analyzes the complexity of enterprise data ownership issues, highlighting the challenges posed by the decentralized and cross-border nature of data elements. Secondly, by examining the policy foundation and theoretical research of data rights authorization, the report advocates for the necessity of constructing a secure and effective order for the utilization of enterprise data. The report also discusses the difficulties in enterprise data rights authorization, including the lack of a policy framework at the macro level and the challenges of enterprise internal management at the micro level. Finally, the report proposes research on methods of precise rights authorization, including the concepts of passive and active rights authorization, and emphasizes the prerequisites for precise rights authorization, such as data classification governance, value analysis and judgment, and scenario identification and explores the application of the data triad model in precise rights authorization

Keywords: Data Elements; Data Rights Authorization; Enterprise Data Management; Data Property Rights

B.9 Research Report on Data Governance of Commercial Banks in China (2023−2024)   *Ma Dan* / 125

Abstract: In the era of rapid development of digital economy and financial technology, commercial banks can only continuously improve data quality, better unleash data value, enhance core competitiveness, strengthen risk prevention and control capabilities, assist in digital transformation, and promote high-quality development by effectively governing data. This report analyzes the current situation, pain points, difficulties, and development strategies of data governance in domestic commercial banks. This report analyzes the current situation of data governance in China's commercial banks, as well as the trends, problems and challenges of data governance in China's banking industry, and puts forward countermeasures and suggestions for commercial banks to strengthen data governance, including optimizing the strategic layout of data governance, improving the data governance system and data dictionary, dealing with legacy data quality problems, improving the data security management system, and improving the management mechanism of data self-care issues.

Keywords: The Value of Data; Commercial Bank; Data Governance; Digital Transformation

Ⅳ Development and Innovation

B.10 Research Report on the Integration of "Data Element ×" and "Artificial Intelligence+" Dual Wheel Driven Innovation and Development of Digital Economy (2023-2024)

Lin Lin / 140

Abstract: Data elements and artificial intelligence have become important drivers for the development of the digital economy, with both mutually supporting and promoting each other's development. Currently, our country is promoting the industrial implementation of the "Data Element ×" and "AI +" initiatives. This report systematically analyzes the integration development mechanism of "Data Element ×" and "AI+", pointing out that they have four fusion characteristics: data supportability, technological empowerment, value co-creation, and rapid iteration, as well as three fusion effects: value release effect, risk co-emergence effect, and data flywheel effect. The integrated development of "Data Element ×" and "AI+" faces challenges such as the need to strengthen the construction of controllable computing power, insufficient supply of high-quality data on a large scale, immature business models that have not yet truly matured, increasingly diverse and complex security and compliance risks, and the need to improve the supporting system and regulatory framework. This report recommends promoting the construction of controllable computing power facilities, deepening the market-oriented allocation of data elements, accelerating the cultivation of the industrial ecosystem, strengthening the construction of the security governance system, and improving the design of relevant systems and regulations.

Keywords: Data Elements; Artificial Intelligence; Digital Economy; Data Infrastructure; Large Models

B.11 Report Report on the Integration and Innovation of Data Elements in the Financial Industry (2023-2024)

Research Group on Marketization of Data

Elements in the Financial Industry / 155

Abstract: This report discusses in depth the development status, challenges and countermeasures of the marketization of data elements in China's financial industry. Review policy evolution and emphasize the importance of data security and infrastructure protection. Financial innovation helps improve efficiency and capitalize data elements, and cases such as China Everbright Bank show the successful practice of data element assets. However, there are prominent challenges such as imperfect data property rights rules, data asset entry rules, and data security risks. This report recommends respecting data property rights, exploring data asset rules, and building a data security and credible circulation system, so as to promote the market-oriented and healthy development of data elements in the financial industry.

Keywords: Data Element Marketization; Financial Innovation; Data Property Rights; Data Security Circulation

B.12 Research Report on the Credible Circulation and Value Release of Data Elements   *Qiao Wei / 171*

Abstract: In the current era of accelerated global digital transformation, the importance of data elements and their core role in the economy and society are constantly highlighted. The government needs to promote data openness and sharing through sound policy measures, unleash the value of data elements, and adapt to the rapid development of the global digital economy. The report focuses on the problems and challenges that exist in the supply, circulation, and application of data elements. The EU International Data Space (IDS) provides a secure and trustworthy data sharing environment, serving as a reference for the flow and utilization of data among countries. Based on the current global trend of digital development, the report proposes a series of strategies and recommendations, including promoting the open sharing of high-quality data sources, building unified data standards and trustworthy circulation infrastructure of data elements, promoting cross-border data flow and international cooperation, and strengthening data governance and technological innovation to comprehensively enhance the value and role of data elements. Through these measures, the aim is to provide scientific guidance and practical solutions for the data factor market in China and globally, and to contribute to the prosperity and development of the global digital economy.

Keywords: Data Elements; Data Governance; Data Space; Global Digital Transformation

B . 13 Research Report on the Cutting Edge Scientific Data Banking Model Driven by Data and Empowered by AI (2023–2024)

Lin Zhenyang, Yin Ximing, Ma Dan and Feng Rong / 183

Abstract: In the era of digital economy and artificial intelligence, data elements have emerged as crucial production factors. Particularly in scientific research, data-driven and data-intensive science is becoming a pivotal force in advancing both scientific progress and industrial applications. This report proposes a novel frontier scientific data bank model characterized by data-driven AI empowerment and scenario orientation. The framework aims to explore effective collaboration, resource integration, and efficient utilization of frontier scientific data. It establishes a three-dimensional integration paradigm encompassing "data-AI-scenario" to cultivate a symbiotic co-creation ecosystem among diverse stakeholders. Furthermore, we develop three operational models tailored to varying data sensitivity levels: data safe-deposit boxes, central data kitchens, and data factories. These models leverage China's unique advantages in large-scale market applications and massive data resources to facilitate trusted sharing of scientific achievements, accelerate data circulation, and promote the industrialization and value realization of frontier scientific data elements. The proposed framework provides theoretical foundations and practical guidance for data-driven frontier research, accelerating breakthroughs in cutting-edge disruptive technologies, and fostering future industry cultivation.

Keywords: Data Driven; Frontier Scientific Data; Frontier Science Data Bank; Value Realization of Data Elements

B.14 Research Report on the Innovative Development of Data Elements in Tongxiang City (2023-2024)

Zhang Kaimeng, Wu Jieran / 195

Abstract: As the digital economy evolves, data has become a crucial production factor, significantly amplifying its value. It plays a vital role in optimizing resource allocation, fostering new productive forces, and reshaping production methods, lifestyles, and economic models. Located in northern Zhejiang Province, Tongxiang—a key urban hub in the Yangtze River Delta—is proactively embracing the digital economy with the goal of becoming a demonstration zone. Centered on data, Tongxiang is driving industrial transformation, upgrading processes, and advancing urban intelligence. In recent years, Tongxiang has made notable progress in building intelligent public data platforms, strengthening data infrastructure, and expanding its digital industry, resulting in an efficient system for data processing and application. Going forward, Tongxiang plans to deepen its focus on data assetization, improve data quality, and enhance data security, thereby fostering new growth drivers for the digital economy and infusing fresh momentum into sustainable urban development.

Keywords: Data Elements; Data Governance; Digital Economy; Tongxiang City

社会科学文献出版社

皮 书

智库成果出版与传播平台

❖ 皮书定义 ❖

皮书是对中国与世界发展状况和热点问题进行年度监测，以专业的角度、专家的视野和实证研究方法，针对某一领域或区域现状与发展态势展开分析和预测，具备前沿性、原创性、实证性、连续性、时效性等特点的公开出版物，由一系列权威研究报告组成。

❖ 皮书作者 ❖

皮书系列报告作者以国内外一流研究机构、知名高校等重点智库的研究人员为主，多为相关领域一流专家学者，他们的观点代表了当下学界对中国与世界的现实和未来最高水平的解读与分析。

❖ 皮书荣誉 ❖

皮书作为中国社会科学院基础理论研究与应用对策研究融合发展的代表性成果，不仅是哲学社会科学工作者服务中国特色社会主义现代化建设的重要成果，更是助力中国特色新型智库建设、构建中国特色哲学社会科学"三大体系"的重要平台。皮书系列先后被列入"十二五""十三五""十四五"时期国家重点出版物出版专项规划项目；自2013年起，重点皮书被列入中国社会科学院国家哲学社会科学创新工程项目。

权威报告·连续出版·独家资源

皮书数据库
ANNUAL REPORT(YEARBOOK)
DATABASE

分析解读当下中国发展变迁的高端智库平台

所获荣誉

- 2022年，入选技术赋能"新闻+"推荐案例
- 2020年，入选全国新闻出版深度融合发展创新案例
- 2019年，入选国家新闻出版署数字出版精品遴选推荐计划
- 2016年，入选"十三五"国家重点电子出版物出版规划骨干工程
- 2013年，荣获"中国出版政府奖·网络出版物奖"提名奖

皮书数据库　　"社科数托邦"
微信公众号

成为用户

　　登录网址www.pishu.com.cn访问皮书数据库网站或下载皮书数据库APP，通过手机号码验证或邮箱验证即可成为皮书数据库用户。

用户福利

- 已注册用户购书后可免费获赠100元皮书数据库充值卡。刮开充值卡涂层获取充值密码，登录并进入"会员中心"—"在线充值"—"充值卡充值"，充值成功即可购买和查看数据库内容。
- 用户福利最终解释权归社会科学文献出版社所有。

社会科学文献出版社 皮书系列
SOCIAL SCIENCES ACADEMIC PRESS (CHINA)

卡号：288436331821
密码：

数据库服务热线：010-59367265
数据库服务QQ：2475522410
数据库服务邮箱：database@ssap.cn
图书销售热线：010-59367070/7028
图书服务QQ：1265056568
图书服务邮箱：duzhe@ssap.cn

法律声明

"皮书系列"（含蓝皮书、绿皮书、黄皮书）之品牌由社会科学文献出版社最早使用并持续至今，现已被中国图书行业所熟知。"皮书系列"的相关商标已在国家商标管理部门商标局注册，包括但不限于LOGO（🖐）、皮书、Pishu、经济蓝皮书、社会蓝皮书等。"皮书系列"图书的注册商标专用权及封面设计、版式设计的著作权均为社会科学文献出版社所有。未经社会科学文献出版社书面授权许可，任何使用与"皮书系列"图书注册商标、封面设计、版式设计相同或者近似的文字、图形或其组合的行为均系侵权行为。

经作者授权，本书的专有出版权及信息网络传播权等为社会科学文献出版社享有。未经社会科学文献出版社书面授权许可，任何就本书内容的复制、发行或以数字形式进行网络传播的行为均系侵权行为。

社会科学文献出版社将通过法律途径追究上述侵权行为的法律责任，维护自身合法权益。

欢迎社会各界人士对侵犯社会科学文献出版社上述权利的侵权行为进行举报。电话：010-59367121，电子邮箱：fawubu@ssap.cn。

社会科学文献出版社